L'EMPIRE DU DISCRÉDIT

DU MÊME AUTEUR

Le Rêve mathématique de Nicolaï Boukharine, Paris, Le Sycomore, 1980.

Tombeau de la fiction, Paris, Denoël, 1999.

Censure ! Censure !, Paris, Stock, 2000.

Devenir minoritaire. Pour une politique de la littérature, entretiens avec Joseph Hanimann, Paris, Denoël, 2003. (Traduit en italien.)

Verbicide, Arles, Actes Sud, coll. « Babel », 2007.

Storytelling. La machine à fabriquer des histoires et à formater les esprits, Paris, La Découverte, 2007. (Traduit en anglais, espagnol, italien, grec, serbe, coréen…)

Storytelling, saison 1. Chroniques du monde contemporain, Paris, Les Prairies ordinaires, 2009.

Kate Moss Machine, Paris, La Découverte, 2010. (Traduit en anglais, espagnol.)

Ces histoires qui nous gouvernent, Paris, J.-C. Gawsewitch, 2012.

La Cérémonie cannibale. De la performance politique, Paris, Fayard, 2013. (Prix de l'essai 2013, traduit en anglais, espagnol, italien.)

Les Derniers Jours de la Ve République, Paris, Fayard, 2015.

Le Projet Blumkine, Paris, La Découverte, 2017. (Traduit en anglais, italien, espagnol.)

L'Ère du clash, Paris, Fayard, 2019. (Traduit en italien, espagnol.)

La Tyrannie des bouffons, Les Liens qui libèrent, 2021.

L'Art du silence, Les Liens qui libèrent, 2022.

EN COLLABORATION

« Entretiens avec Milan Kundera », *Paris Review*, repris *in* Milan Kundera, *L'Art du roman*, Paris, Gallimard, 1986.

À bâtons rompus avec Bohumil Hrabal. Entretiens, Paris, Critérion, 1991.

Autodafé (revue du Parlement international des écrivains), Paris, Denoël, publiée de 2001 à 2005 simultanément en anglais, espagnol, portugais, italien, grec, russe.

Christian Salmon

L'EMPIRE DU DISCRÉDIT

LLL Les Liens qui libèrent

ISBN : 979-10-209-2370-7

« On montre du doigt, on s'indigne, on fait un éclat, pour écarter, pour mettre à distance de soi et des autres – de soi sous le regard des autres – cela même par quoi on est en danger d'être attiré, séduit ou piégé. »

Marcel Detienne, *L'Invention de la mythologie.*

Préface

Alors que je corrigeais les épreuves de ce livre, les élections législatives des 30 juin et 7 juillet 2024 ont rendu manifeste le discrédit qui ronge notre démocratie. L'empire du discrédit que j'ai tenté de décrire dans ce livre à travers ses mythes et ses rituels a pris soudain une forme concrète. Les citoyens de cet empire se sont mis en branle à l'occasion de ces élections comme une armée des ombres mobilisée à l'appel d'une force obscure qui remontait de tout le pays. Pendant ces trois semaines de campagne, j'ai eu le sentiment que les figures du discrédit que j'avais épinglés dans les pages de mon entomologie imaginaire s'échappaient de mon livre pour s'avancer dans le monde de la réalité…

Le soir du 7 juillet, il s'est passé un événement d'importance : un simulacre s'est effondré devant un autre simulacre. Le simulacre du macronisme s'est effondré devant le simulacre du lepénisme. Que le macronisme se soit manifesté depuis son élection en 2017 comme un simulacre n'est plus à démontrer. Né du vide politique crée par l'impossibilité pour François Hollande de se représenter, il n'avait fait que reconduire ce vide dans toutes les positions possibles, se tenir dans ce vide, survivre dans ce vide et lui donner ses formes et ses couleurs. Par un paradoxe qui n'est qu'apparent, le vide du pouvoir se manifestait chez Emmanuel Macron par une surabondance d'images et de récits, une surenchère d'effets spéciaux, capable de créer l'illusion « fantastique » ou spectrale du politique.

Jamais un président n'avait convoqué durant son mandat une kyrielle aussi échevelée de masques. Ainsi on l'avait vu imiter Tom Cruise en uniforme de l'armée, jouer au tennis en fauteuil roulant, revêtir le maillot de l'OM ou un costume d'aviateur, emprunter le T-shirt de Zelensky ou jouer les sous-mariniers, les pompiers, exhiber des biceps de boxeurs…

Macron a fait basculer la politique dans l'univers immersif des séries TV. Il ne connaît d'autres lois que celles du suspense, de la surprise, du coup de théâtre. Depuis 2017, les épisodes se succèdent à un rythme effréné. Le président accélère le tempo, bouscule le calendrier, les cent jours, l'acte II, la mi-mandat, l'entrée en campagne, le grand tournant, un nouveau rendez-vous, la dissolution… Le turn-over des épisodes supplée l'impuissance politique.

Loin d'être improvisée, la « séquence » de la dissolution de l'Assemblée nationale avait été écrite, scénarisée, mise en images comme un épisode de série télévisée. Macron est un accélérateur d'intrigue. Ses conseillers qui ont fait leurs classes devant les séries politiques comme *West Wing* ou *House of Cards* sont des virtuoses du *cliffhanger* plutôt que du calcul intégral. Au moment d'annoncer sa décision dimanche 9 juin, le président n'avait-t-il pas fait référence à la série *La Fièvre* diffusée fin mars sur Canal +, qui décrit un pays au bord de la guerre civile sous l'influence corrosive de l'extrême droite.

La décision de dissoudre l'Assemblée qui avait pu apparaître soudaine et irréfléchie avait « mûri » en fait dans des discussions en petit comité semblable à ces *writer's rooms* où s'élaborent les épisodes des séries télé plutôt que dans des réunions interministérielles… « Je leur ai balancé ma grenade dégoupillée dans les jambes, a dit le Président selon *Le Monde*. Maintenant on va voir comment ils s'en sortent[1]… »

« Ils », ce sont les partis d'opposition qui l'ont empêché de gouverner depuis 2022 et à qui la grenade était destinée. Mais rien ne s'est passé comme prévu. Tout porte à croire que cette grenade a éclaté dans ses propres jambes, ou qu'on la lui a renvoyée comme une grenade lacrymogène, symbole de son autoritarisme depuis sept ans.

On apprenait que le Premier ministre et ses prédécesseurs avait été tenus à l'écart de la décision présidentielle, élaborée en secret dans un restaurant avec une poignée de conseillers – pour que « le secret tienne », révèle un des participants, « ravi de ce coup de théâtre ». Cette décision était celle d'un « showrunner » qui refuse de se laisser voler la conduite du récit. Ses derniers mots lors de sa déclaration au soir du 9 juin en soulignent clairement l'enjeu narratif: « Choisir d'écrire

1. Solenn de Royer, « "Emmanuel Macron, qui a déclenché cette dissolution pour piéger les partis, s'est piégé lui-même" », *Le Monde*, 15 juin 2024.

l'histoire plutôt que de la subir.» Mais l'histoire a ses sautes d'humeur, ses rebonds imprévus. Il arrive qu'elle avance en zigzaguant. Rien dans cette dissolution ne se passait comme prévu. Le président prestidigitateur qui charmait son public avec ses tours de magie avait perdu de sa superbe. Les cartes s'étaient embrouillées dans ses mains et, du chapeau de la dissolution n'était pas sorti le lapin attendu, mais la figure énigmatique de Jordan Bardella.

Car le simulacre du lepénisme s'était aussi effondré. Il s'était effondré dans sa victoire même. Parvenu aux portes du pouvoir, il était apparu par la nature problématique de ses candidats et l'élagage de ses mesures sociales comme un vecteur du discrédit qui couvait dans la société et le modèle d'une gestion autoritaire de la crise.

Le RN, porté par la famille Le Pen depuis un demi-siècle n'est pas un parti politique comme les autres. On peut même douter qu'il soit un parti politique au sens strict. Il ne suffit pas de se présenter aux élections pour être un parti démocratique. C'est un mouvement poreux (sans structure démocratique, ni procédures démocratiques de gestion des conflits comme ont pu en faire l'expérience les numéros 2 successifs du FN, Bruno Mégret, Carl Lang ou Florian Philippot...). C'est une marque déposée, une «franchise» familiale, qui «fixe» sous un label commun (le drapeau national) les électorats volatils, les causes perdues: que ce soient les plus anciennes, compromises dans les guerres coloniales et l'anticommunisme, ou les nouvelles, engagées contre les élites mondialisées. Le RN est un parti caméléon, capable de s'adapter à toutes les frustrations et de capter toutes les pulsions dans une logique de marketing. C'est sa modernité, car les adhésions politiques ne se font plus sur le registre des idéologies et des convictions mais sur celui du désir et des attentions.

Catégorie par catégorie, génération après génération, le virus du lepénisme a gagné toute la société, avant de se refléter dans la figure aseptisée de Jordan Bardella. Car Bardella est une figure intéressante. « Je suis de la génération Disney » disait Jean-Marie Le Pen, Bardella, lui, est de la génération TikTok. Sur le site de vidéos courtes, il s'affiche en train de mordre dans une pomme, d'ouvrir un paquet de crocodiles Haribo, en expliquant : « Je n'ai pas pris mon goûter », ou d'avaler quelques bonbons avant de monter sur scène, accompagné de ce commentaire inspiré : « Quelques bonbons avant de monter sur scène, c'est important, non ? » Succès garanti. Le leader du RN a tout le temps faim comme Matteo Salvini qui avait l'habitude de poster sur Twitter, pizzas, cannellonis, et crème nutella… Bardella n'a pas besoin d'être crédible, puisqu'il ne représente rien, puisqu'il n'est rien, mais que, n'étant rien, il l'incarne parfaitement.

On cherche des raisons objectives à son succès, Toujours la même analyse paresseuse, l'invocation des « causes objectives » (l'insécurité, l'immigration, la colère populaire, etc.) mais c'est ne rien comprendre au lepénisme qui n'a nul besoin de programme ou de valeurs puisqu'il se nourrit du discrédit général.

Exclu pendant des décennies de toute représentation nationale, le lepénisme s'est infiltré dans la société comme un virus et plus encore comme un désir. Rien n'est plus désirable que « le mal » ou ce qu'on désigne comme tel. À chaque élection, on rejoue le théâtre de l'antifascisme, alors qu'il s'agirait de comprendre des agencements de désir. Étant hors-jeu, le Rassemblement national vit et se nourrit de l'exclusion du système de représentation. Il est l'emblème de tout ce qui n'est pas représenté et dont le jeune Bardella est devenu la figure présentable. Une figure présentable de l'imprésentable.

Pas étonnant que les médias aient tant de mal à le présenter et même à le nommer.

Steve Bannon, l'ex-conseiller de Donald Trump, devrait pouvoir les aider. Invité au XVIe congrès du Front national à Lille en mars 2018, il lança à l'adresse des militants frontistes, aux côtés d'une Marine Le Pen hilare comme à l'accoutumée : « Laissez-les vous appeler racistes, xénophobes, islamophobes… Portez-le comme un badge d'honneur[2]. »

Jordan Bardella était le simulacre parfait, une sorte de robot conversationnel qui aurait absorbé les data du lepénisme, ses tics de langage, ses gestes lissés jusqu'au mimétisme. Pendant les débats de la campagne électorale, son rythme d'élocution était fascinant. Une bouche d'ombre qui débitait à toute vitesse des réponses aux questions posées, sans hésitation, sans émotion, sans réflexion. Et s'il lui arrivait d'hésiter entre deux énoncés, ce n'était pas un signe de réflexion mais l'effet d'une surcharge d'informations, un bug. Son style est à la fois

2. Lucie Soullier, « Steve Bannon, invité vedette du congrès du FN : "L'Histoire est de notre côté" », *Le Monde*, 12 mars 2018.

personnel et impersonnel, cordial et mécanique, courtois ou agressif. Bardella, c'est le stade IA du lepénisme qui reproduit les data du discrédit. La référence à l'intelligence artificielle n'est pas simple métaphore.

« À rebours des courants conservateurs de l'extrême droite, écrivent Clément Guillou et Alexandre Picard dans *Le Monde*, le président du Rassemblement national adopte sur l'IA des accents technophiles. » Son conseiller en intelligence artificielle est Laurent Alexandre, un militant du transhumanisme. « "À 27 ans, Jordan est de la génération geek numérique. Peu de politiques s'intéressent à l'IA et au futur comme lui", affirme l'essayiste qui prétend ne pas s'aligner sur les positions politiques du RN mais qui préconise quand même de "renvoyer les clandestins en Afrique par la force militaire"[3]. »

« Si les partis et militants d'extrême droite s'emparent de ces outils, estime le chroniqueur radio Axel Beaussart, à l'origine d'un mouvement d'internautes né après la dissolution de l'Assemblée nationale, c'est "qu'ils ont besoin de l'IA pour donner vie à leurs obsessions. Ça nous fait beaucoup rire quand on les voit créer des images venues de leur inconscient. Ce sont des peurs tellement irréelles qu'ils ont besoin de l'IA pour les représenter"[4]. »

3. Clément Guillou et Alexandre Piquard, « Comment Jordan Bardella tente d'exploiter le thème de l'intelligence artificielle », *Le Monde*, 2 octobre 2023.

4. Morgane Tual, « Comment l'extrême droite a utilisé l'intelligence artificielle pour faire la campagne des législatives », *Le Monde*, 4 juillet 2024.

Ce à quoi on a assisté pendant ces élections anticipées, c'est à un véritable krach démocratique comparable à un effondrement boursier quand des détenteurs d'une classe d'actifs décident de s'en débarrasser en provoquant un afflux d'ordres de vente. D'où son caractère massif et soudain. Ainsi les électeurs du Rassemblement national se sont débarrassés des principes démocratiques, comme autant d'acquis démonétisés : citoyenneté, droit du sol, égalité devant la loi. Le tout innervé dans une crise de croyance générale dans la politique. Mais cette vague spéculative s'est heurtée à une autre vague, un mouvement massif des électeurs de gauche et du centre visant à défendre la démocratie comme le font les banques centrales lorsqu'elles interviennent pour sauver la monnaie. C'est la logique immanente du discrédit qui finit toujours par se discréditer lui-même. Celui qui fait campagne par le discrédit périra par le discrédit.

« La Cacanie, écrivait Robert Musil dans *L'Homme sans qualités,* décrivant la décomposition de l'Autriche-Hongrie, était, dans l'actuel chapitre de l'évolution, le premier pays auquel Dieu eût retiré son crédit, le goût de vivre, la foi en soi et la capacité qu'ont tous les États civilisés de propager au loin l'avantageuse illusion qu'ils ont une mission à accomplir. » C'est une définition parfaite de notre impasse démocratique.

Bienvenue en Cacanie !

Christian Salmon

Le 8 juillet 2024

OUVERTURE
Fractales du discrédit

Le discrédit est partout. Discrédit des rituels et des formes de légitimité du pouvoir. Discrédit des langages autorisés. Discrédit de la parole publique et des formes du savoir, du mérite. Discrédit de la représentation. Ce monstre aux mille visages obéit au rythme fiévreux de notre temps, il saute de la sphère privée à la scène publique, des réseaux sociaux aux unes des magazines. Il comble les désirs inavoués des individus et enflamme les grandes passions collectives. Il inspire les tendances de la mode et les lents mouvements d'opinions, les théories du complot les plus absurdes et les « fluctuations de la Bourse ». Il parcourt la planète jour et nuit telle une onde invisible et soudain s'emballe, provoquant des tsunamis de haine et de colère. Tout acte, toute pensée, toute parole lui sont redevables. Mais le mutisme de l'époque est aussi son œuvre. Il est le silence et le cri. L'émeute et l'effroi.

Depuis la victoire du Brexit et l'élection de Donald Trump en 2016, on lui prête des pouvoirs occultes, des affinités secrètes avec les algorithmes. Il serait le carburant des réseaux sociaux, soufflant sur le mécontentement des foules, embrasant les commentaires. Le discrédit nourrit les soulèvements populaires, laissant libre cours aux pires instincts xénophobes comme aux mécontentements légitimes. Il prend les formes les plus diverses, empruntant ses slogans à la vindicte populaire et enflammant les beaux quartiers dès qu'il s'agit de défendre l'ordre moral menacé. Il creuse tous les espaces de légitimité (de la parole, du savoir, du mérite, de la représentation), destituant les mythes les plus enracinés dans la mémoire collective et cultivant une croyance paradoxale, la *profanation de toute croyance.* Le discrédit ne propage pas la foi mais l'incrédulité. Il inspire les nouvelles mythologies, retourne de fond en comble l'inconscient collectif. Le discrédit rend l'abject désirable, l'indignité admirable, le scandaleux estimable.

Face au « cercle de la raison » qui avait conduit le monde à la crise de 2008 s'est constitué un « cercle du discrédit », enflammé par la colère des peuples qui a trouvé dans les réseaux sociaux sa chambre d'écho, mais aussi son « format », sa syntaxe et ses codes, créant ce que l'on pourrait appeler une « sous-culture de l'incrédulité ». Le décrochage des discours officiels, leur décalage par rapport à l'expérience des hommes ont ruiné la crédibilité de tous les récits officiels. Les notions d'inconscient collectif et d'archétypes ont été mises à l'épreuve du discrédit, trempées dans l'eau saumâtre des réseaux sociaux, elles se sont mises à refléter le monde à l'envers, la dégradation des valeurs, le travestissement des normes.

« Le théâtre du monde », pour reprendre la vieille métaphore de la représentation, est méconnaissable, détruit de fond en comble comme au sortir d'une catastrophe. Ni le théâtre des opérations en temps de guerre, ni le théâtre politique dans les assemblées, ni celui des luttes sociales dans les rues n'ont été épargnés par la puissance corrosive du discrédit. Sur la scène des médias survoltés errent les dernières figures de la politique et de la culture, zombies errant sans but et sans conviction, le politicien bouffon maître des réseaux, l'animateur cynique des *talk-shows*, les influenceuses de YouTube, les stars de la télé-réalité, les traders corrompus érigés en figures victimaires, les adolescents des réseaux sociaux millionnaires en nombre d'abonnés. Ces anti-héros triomphent sous les signes du vulgaire, du scatologique et de la dérision… Ils incarnent une sorte d'idéal-type négatif, le « plouc » revêtu d'une patine de notoriété. Leurs performances consacrent une forme de sacralité kitsch, de statuaire dégradée dont le rappeur gangster serait la figure de proue caricaturale.

Le *trash-talk* (provocations verbales, bouffonneries, chambrages, autoglorification, insultes) pratiqué par les stars de la boxe et du basket-ball pour gagner en notoriété et promouvoir leurs combats légendaires s'est étendu à tous les sports, au poker ou aux jeux vidéo en ligne, et plus généralement à toute activité soumise à la concurrence, jusqu'à devenir un outil permanent du management des entreprises et du marketing. Le *trash-talk* est une figure de style qui consiste à déstabiliser l'adversaire ou à galvaniser ses propres troupes en usant de métaphores et autres hyperboles provocatrices. Il est devenu si dominant qu'il produit son propre lexique, le « Lexique du *TrashTalker* », une kyrielle de synonymes et de néologismes que le site spécialisé #trashtalk suggère d'ajouter au Petit Larousse[1].

Partout le *trash-talk* ravive les passions, mobilise les partisans, tente de désarçonner l'adversaire. Les politiciens y ont recours quand il s'agit de décrédibiliser l'adversaire (voir le fameux « Ferme ta gueule » adressé du haut de la présidence du Sénat à un opposant politique). Plus qu'un langage grossier, le *trash-talk* est devenu le principe performatif à la base de tout divertissement populaire, de la télé-réalité aux débats télévisés, selon lequel les experts du sport et de la politique produisent à partir de petites questions portées à l'extrême des affrontements génériques. C'est l'art de créer de la rivalité quel qu'en soit le sujet. Cela peut être le bien contre le mal, le grand contre le petit, ou l'offensive contre la défense. La même tendance se reproduit en ligne où les comptes de médias sociaux d'entreprise tentent de gagner des abonnés en déclenchant des guerres sur Twitter ou sur TikTok.

Dans les pages qui suivent, je me suis efforcé d'analyser une série d'événements, de situations ou de figures apparemment sans rapport, mais qui ont pour point commun d'être les symptômes d'un même mal, que l'on peut identifier

1. Clément Hénot, « Les néologismes de TrashTalk : les nouveaux ajouts à suggérer au Petit Larousse », *#TrashTalk*, 27 décembre 2016.

comme le *mal du discrédit*[2]. Au cours d'une enquête qui s'est étalée sur une quinzaine d'années (2008-2023), j'ai vu se propager le mal du discrédit tel un incendie qui s'étendait à partir de foyers dispersés, obéissant aux mêmes principes, appliquant le même mode opératoire, se propageant sur les mêmes terrains de la crise écologique, économique, financière, politique puis de la crise sanitaire, adoptant partout les mêmes formes carnavalesques.

Si la logique du discrédit, vérifiable à maints endroits de la vie sociale et dans de nombreux nœuds des réseaux sociaux, n'est pas contestable, une question demeure qui a accompagné l'écriture de ce livre et produit le constant étonnement de son auteur. Comment le phénomène du discrédit s'impose-t-il à des univers sociaux éloignés les uns des autres ? Comment le discrédit se communique-t-il à toutes les formes de discours (politique, scientifique, médiatique…) ? Comment se transmet-il si rapidement, sautant d'un champ d'activité à l'autre (la vie politique, la crise sanitaire, la crise écologique, les arts et la culture, le discours sur la guerre…) ? Par quelles médiations ce principe s'impose-t-il à tous ces niveaux discursifs et symboliques comme le trait distinctif d'une époque, la crise de notre temps ?

2. Certains des textes de ce livre ont été publiés sous des formes différentes entre 2008 et 2023 dans divers périodiques : *Le Monde*, *Libération*, *Les Inrocks*, *Mediapart*, *Slate*, *AOC media*.

Quoi de commun entre les images de réfugiés qui envahissent nos écrans et l'ours bleu Waldo de la série *Black Mirror* ? Le virus de la série *Hot Skull* qui détruit le langage et se transmet par l'ouïe et la généralisation du *trash-talk* dans les médias et sur les réseaux sociaux ? Quel rapport entre la *sextape* de Michel Houellebecq et la photo d'identification judiciaire de Donald Trump ?

Les émissions de télé-réalité qui ont émergé à partir des années 2000 partout dans le monde ont-elles été le laboratoire du confinement de 2020 ? Que penser de la figure du Gilet jaune dans les nouvelles formes de luttes sociales ? Et comment une simple casserole est-elle devenue en France le symbole des manifestations contre la réforme des retraites ? Comment le réseau social TikTok promeut-il l'idéal-type de l'influenceur ? Autant de questions qui agitent notre actualité et témoignent de cette force obscure qui ne vise pas à instituer un ordre social mais à le discréditer. Partout, le discrédit établit sa légitimité de manière paradoxale, non pas en se fondant sur le crédit au cœur du pacte de représentation, mais sur le discrédit qui mine toute croyance. Est fameux ce qui jette le trouble, renverse le sacré en profanation, retourne la réputation en infamie et emprunte ses formes au carnaval et au travestissement grotesque.

Confronté à la pandémie du coronavirus, le discrédit a pleinement démontré son pouvoir de dissémination. Il s'est étendu à tous les discours autorisés, politiques, médiatiques, scientifiques, épidémiologiques. Des charlatans se sont improvisés experts épidémiologistes et des experts épidémiologistes se sont révélés des charlatans. La peur ancestrale des épidémies a muté sur les réseaux sociaux en un complotisme généralisé. Elle a forgé une nouvelle classe d'hommes politiques[3] qui a élevé le pouvoir grotesque au rang d'un modèle postwébérien de domination légitime.

La question que pose ce livre peut être résumée ainsi : comment la laideur, l'infâme, l'indigne sont-ils devenus *désirables* dans nos sociétés ? Comment la notoriété s'acquiert-elle sur les réseaux sociaux au prix du discrédit jeté sur toutes les formes de discours et d'action légitime ?

Pour expliquer cette propagation du discrédit, on a souvent recours au concept un peu fourre-tout de populisme ou à des notions plus précises de contagion, d'« épidémies thématiques » (Peter Sloterdijk) ou de « viralité » (Jean Baudrillard)[4] voire d'« affinité élective » un concept venu de l'alchimie ou de la littérature romantique (Goethe). Dans le premier chapitre de ce livre, j'évoque ainsi « une sorte d'affinité élective entre le monde de la finance et l'élection de Donald Trump. Une telle affinité élective s'est trouvée confirmée en septembre 2019 par

3. Christian Salmon, *La Tyrannie des bouffons. Sur le pouvoir grotesque,* Les Liens qui Libèrent, poche, 2023.

4. « La viralité, c'est la pathologie des circuits fermés, des circuits intégrés, de la promiscuité et de la réaction en chaîne. » (Jean Baudrillard, *La Transparence du mal,* Galilée, 1990). Peter Sloterdijk parle des « épidémies thématiques » qui propagent de véritables « infections d'opinions ». (*Ni le soleil ni la mort,* Fayard, 2003). Les deux philosophes doivent être crédités d'une certaine clairvoyance, s'exprimant avant l'existence des réseaux sociaux.

la banque d'investissement JP Morgan Chase qui a créé un indice destiné à mesurer l'impact des tweets de Trump sur les rendements obligataires américains[5]. Le concept d'«affinité élective» peut éclairer la convergence de certains phénomènes hétérogènes. Max Weber désignait ainsi le rapport d'attraction et de convergence qui existe entre des formes culturelles – religieuses, intellectuelles, politiques ou économiques – a priori hétérogènes. Mais il s'agit d'une explication plus intuitive et subjective que rationnelle et qui ne saurait se substituer à d'autres paradigmes analytiques…

La théorie des fractales du mathématicien franco-américain Benoît Mandelbrot est particulièrement éclairante. Elle permet de décrire des figures fragmentées, aux contours irréguliers mais dont la structure est répétitive ; leur forme est identique, quelle que soit l'échelle à laquelle on les observe. Mandelbrot s'est distingué tout au long d'une carrière riche en découvertes, en décelant de la simplicité et même de la beauté là où les autres ne voyaient que désordre inextricable.

---

5. Dans *l'Ère du clash*, je citais un échange avec l'économiste Ivan Ascher qui penchait lui aussi pour une «affinité élective» entre Donald Trump et le monde de la finance. «Les marchés financiers, de nos jours, sont principalement des marchés dérivés. Un gestionnaire de fonds de pension tire bénéfice de la vulnérabilité accrue de ceux dont il gère les fonds, tout comme il est possible qu'une compagnie d'assurances profite d'une augmentation apparente du taux de criminalité. L'ascension d'un démagogue comme Donald Trump ne fait pas obstacle aux intérêts des financiers de Wall Street, dont beaucoup sont en position de bénéficier d'une volatilité accrue.»

La clé de voûte de sa théorie est une idée à la fois simple et difficile à saisir : l'« autosimilarité » selon laquelle la partie est structurée comme le tout. La théorie des fractales permet de penser à la fois le fractionnement extrême des habitus culturels et leur convergence réticulaire. Ce principe d'autosimilarité peut s'appliquer à de nombreux phénomènes naturels. Un exemple de ces fractales que Benoît Mandelbrot donnait à ses élèves par souci pédagogique (et non sans une certaine espièglerie) était… le chou Romanesco ! Sa forme générale est un cône, lui-même constitué de cônes plus petits, disposés en spirale. Mais il a étendu le champ des « objets fractals » à des sujets aussi différents que la transmission de signaux, la turbulence, la structure des savons, le relief terrestre, les cratères de la Lune, la distribution des galaxies. Il avait commencé par s'intéresser à la structure du langage, aux taxonomies, à la distribution des revenus, aux variations spéculatives des prix. De 1975 à 1984, Mandelbrot apporte des contributions majeures à la dynamique des fluides… Les fractales ont connu de nombreuses applications en hydrologie, en météorologie, en acoustique, et dans les processus biologiques de diffusion tels que la respiration et le métabolisme. Les situations critiques sont au cœur de ses recherches qui débouchent sur des problèmes liés aux propagations, épidémies, invasions, déflagrations et donc à des phénomènes culturels comme le discrédit.

Parler de fractales du discrédit permet de mettre en lumière trois caractéristiques spécifiques du phénomène :

1. La récursivité.

Les fractales comme le discrédit sont générées par un processus circulaire, une boucle (*loop*) dans laquelle le point de sortie (*output*) d'un niveau devient le début (*input*) du suivant, également nommé *feedback*. L'expansion du discrédit obéit à un principe de récursivité.

2. Le jeu d'échelle (*scaling*).

Les fractales du discrédit possèdent la même configuration aux différentes échelles à l'intérieur du domaine considéré.

3. L'autosimilarité (*self-similarity*).

Les fractales du discrédit se reproduisent selon une configuration identique. Elles reproduisent la forme de leur structure mère. La configuration du discrédit est la manifestation du principe d'autosimilarité.

> « La structure du Web et les dynamiques sociales qui s'y déploient peuvent être éclairées par l'analogie avec les formes fractales, confirme Christophe Bruno, docteur en physique théorique et net-artiste. Cette perspective révèle comment, à l'instar de Google qui se positionne comme un hub central, le Web s'organise en une hiérarchie de hubs d'importance décroissante, créant une structure complexe et qui évolue sous l'influence de multiples acteurs, jusqu'au "bas" de la blogosphère. Les notions de "force des liens faibles" et de "petit monde" sont cruciales pour comprendre la viralité de l'information au sein de ces réseaux. La

distribution de la visibilité et de l'influence suit une "longue traîne", analogue à la loi de Pareto en économie ou loi des 80/20. Faire le lien avec l'idée du discrédit me semble excellent : le crédit social s'inscrit dans une logique qui rappelle celle de la "longue traîne", comme tout "star-système informationnel", et le discrédit social également, en miroir. La dynamique iconoclaste du discrédit contemporain est liée à cette phénoménologie des réseaux complexes[6]. »

Dans un article fameux de la revue *Le Débat*, « Les fractales, les monstres et la beauté », Benoît Mandelbrot rappelait que la chronique des sciences a ses histoires de sorciers et de contes de fées. « Un sorcier crée un monstre… Le monstre lâché, les paysans lui refusent l'entrée de leurs villages, car les histoires qu'on raconte à son sujet les effraient autant qu'elles forcent leur incrédulité. » Voilà donc le démon du discrédit qui réapparaît à la croisée de la chronique scientifique et de l'anthropologie des mythes contemporains. Nous ne nous sommes pas très éloignés de l'examen des mythologies contemporaines et de leur rapport avec le phénomène du discrédit. Comme on va le voir, ce n'est nullement une rencontre de hasard.

Les fractales de Mandelbrot permettent d'éclairer une sorte de loi de gravitation symbolique qui attire tous les référents culturels vers le bas (la formation des mythologies mineures,

6. Christophe Bruno, correspondance avec l'auteur. Voir plus loin l'article « Capitalisme sémantique » qui rend compte de son travail de net-artiste, très éclairant pour la thématique de ce livre.

des icônes, des modes, etc.). « Il y a bien une sorte de loi de "gravitation", *top-down*, qui ruisselle vers le bas de la longue traîne, vers l'invisibilité, contrebalancée par des phénomènes émergents, dits *bottom-up* », confirme Christophe Bruno.

Ainsi assiste-t-on à un renversement de l'axe de légitimation des conduites et des idéaux-types (du digne à l'indigne, du haut vers le bas, du beau au laid, etc.) qui soumet à la tyrannie de la notoriété infamante toute activité de représentation symbolique. La politique troque l'incarnation contre l'exhibition, la culture régresse en une sous-culture de l'incrédulité, les formes grotesques du rabaissement carnavalesque s'étendent à toutes les activités soumises à *la fractale du discrédit.*

Ce livre rassemble quelques-uns des mythes de cette sous-culture de l'incrédulité. Il dresse un inventaire subjectif (et non exhaustif) des mythologies du discrédit qui peuplent notre « palais d'imagination » , selon le mot de Paul Veyne[7], cet espace d'incrédulité partagé qui structure notre imaginaire au début du XXIe siècle. Leur choix s'est imposé sans autre règle que la surprise, l'effroi, l'effarement qui nous saisit devant le surgissement de l'improbable, de l'abject, du scandaleux. Une constellation de mythes et d'objets symboliques exposés à la

7. Veyne qualifiait de « palais d'imagination », l'espace « de croyance partagée propre à une société et qui la constitue comme telle ». Lorsque la croyance partagée cède la place au discrédit général, la société tend à se constituer autour d'un imaginaire de destitution. (Paul Veyne, *Les Grecs ont-ils cru à leurs mythes ? Essai sur l'imagination constituante*, Points, 2014.)

puissance dissolvante du discrédit. Qu'il prenne la forme du discrédit de la parole et du personnel politique, des objets culturels plébiscités par les réseaux sociaux, des performances des influenceurs ou des youtubeurs, du discours sur la guerre véhiculé par TikTok, le discrédit se manifeste tel un carnaval à travers un arc-en-ciel d'habitus, de pratiques et de mythes qui épousent la courbure d'un seul et même phénomène qui donne sa forme au monde. De ses formes carnavalesques les plus caricaturales qui se sont manifestées depuis le Brexit et l'élection de Trump jusqu'à celles de Jair Bolsonaro au Brésil et de Javier Milei en Argentine. De l'effacement de la figure de l'*homo politicus* tel que nous le connaissions depuis deux siècles au surgissement des émeutes populaires (Gilets jaunes, concerts de casseroles, feux de poubelle) et ses formes d'occupation sauvage de l'espace public. Des nouvelles performances individuelles apparues sur les réseaux sociaux comme TikTok à la faveur du confinement (défis, challenge, transgressions) aux nouveaux rapports homme-machine (cyborgs), du mythe de la jeune fille à l'idéal-type de l'influenceur, de la *sextap*e de l'Écrivain national à la dévoration des attentions, des mots et des corps mise en œuvre par les algorithmes des Gafam jusqu'à l'offuscation des images via les smartphones, véritables rituels de dés-apparition sur la scène publique…

Le livre s'efforce d'ordonner ce brouillard de pratiques autour de quelques mots clés qui sont autant d'opérations, de scènes ou de strates de délégitimation. Carnavalisation, Éclipse, Meutes, Dévoration, Confinement, Offuscation… Un « essaim » de mots plutôt qu'un ordre discursif ou une narration. Un

« essaim » de mots, c'est le titre que la romancière italienne Elena Ferrante a choisi de donner au recueil de ses écrits non fictionnels : *Frantumaglia*, qui signifie dans le dialecte napolitain de sa mère un « fouillis de fragments ». Sa mère l'utilisait pour décrire ce sentiment d'être « secouée par des sensations contradictoires qui la déchiraient ». Elle se disait en proie à la *frantumaglia*. Essaim, agrégat de pensées contradictoires, qui exprime la dissonance, le doute propre à l'état de discrédit mais aussi le mouvement, les fuites, les digressions, une route ouverte, un chantier dans lequel le lecteur est invité à s'aventurer. C'est tout le projet et l'inconfort de ce livre.

1.
Carnaval

« Une certaine carnavalisation de la conscience précède toujours, en les préparant, les grands revirements. »

Mikhail Bakhtine, *L'Œuvre de François Rabelais et la culture populaire au Moyen Âge et sous la Renaissance.*

Iconographie de Donald Trump

« Le mythe de l'abbé Pierre dispose d'un atout précieux, écrivait Roland Barthes dans *Mythologies* : la tête de l'abbé. C'est une belle tête, qui présente clairement tous les signes de l'apostolat : le regard bon, la coupe franciscaine, la barbe missionnaire… [1] »

On ne peut en dire autant de la tête de Donald Trump telle qu'elle est apparue sur la photo d'identification judiciaire (*mugshot*) prise le 24 août 2023 lors de son incarcération dans une prison d'Atlanta. Cette photo est aussitôt devenue une image culte, si l'on en juge par sa réception sur les réseaux sociaux. Mais pourquoi ? Que représente cette photo ? Quel est le pouvoir de fascination qu'elle exerce ? « Un étrange combo entre l'esthétique du selfie 0.5 et du vieil avis de recherche "Mort ou vif" », écrit Ann Hornaday, la critique cinéma du *Washington Post*. Joe Biden l'a gratifié d'un « Beau gosse ! » sur X (ex-Twitter) – une manière de saluer la performance médiatique de son prédécesseur. Mais il est bien le seul à l'avoir

1. Roland Barthes, *Mythologies*, Seuil, 1957.

trouvé beau. Les commentateurs ont rivalisé de sarcasmes, multipliant les angles d'attaque: «une Méduse reconfigurée pour l'ère des médias de masse» (*The Atlantic*), «un psychopathe sorti d'un film de Stanley Kubrick» (*The Telegraph*), «un vieil idiot en colère», un «voyou», un «bandit».

Le regard mauvais, le front sourcilleux, la mèche rebelle, Trump incarne plutôt la colère que la charité, moins la foi que le discrédit, un discrédit jeté à la face du «système» incarné par les juges et les médias. Visage fermé, sourcils froncés, regard de défi, Donald Trump surjoue à l'évidence le rôle de l'homme en colère. Ce n'est pas une attitude chez lui, c'est une seconde nature. La colère est sa chair, son éthos. Le photographe David Hume Kennerly, qui a couvert sa campagne en 2016, se souvient d'un shooting à la Trump Tower au cours duquel Donald Trump, tout à sa victoire, souriait gentiment. «Ça n'avait pas l'air naturel», raconte le photographe qui, en désespoir de cause, lui a proposé de rejouer son fameux «*You are fired!*» de l'émission *The Apprentice*. «Et il m'a lancé ce genre de rictus – très similaire à cette photo que nous avons vue du comté de Fulton.»

Face à l'appareil de l'institution judiciaire, l'ex-président ne s'est pas simplement laissé photographier, il a retourné le dispositif de l'identification judiciaire conçu pour inculper, incriminer, discréditer en un argument paradoxal de relégitimation. Son autoportrait louche du côté de Corleone ou des super-héros de Marvel. Trump adopte la posture populaire du voyou menaçant, le caïd qui, loin de s'incliner devant l'accusation, menace les juges d'un geste ou d'un regard. « *Never surrender* » (« Ne jamais se rendre »), écrit-il en légende de la photo. Une devise de mafieux, et le public adore.

À peine mis en ligne par l'ex-président qui signait ainsi son retour sur X/Twitter, le *mugshot* de Trump s'est aussitôt transformé en icône ; il s'est envolé sur les réseaux sociaux tel un ballon gonflé à l'hélium du discrédit. En quelques heures, il a été partagé près de 300 000 fois sur X/Twitter et il a rapporté plus de 7 millions de dollars (6,58 millions d'euros) à la campagne de l'ex-président. Son équipe en a décliné le motif sur tous les supports possibles : T-shirts, casquettes, tasses et autres goodies.

Mais on aurait tort de réduire ce buzz à un simple coup de marketing.

Le *mugshot* de Donald Trump constitue un de ces événements symboliques qui s'imposent au-delà de tout calcul et finissent par accéder à cet univers mythologique exploré en son temps par Roland Barthes. Produits, stars ou rituels de consommation sont l'objet chez Barthes d'un culte collectif qui prospère sous le règne des *mad men* de la publicité. Les *Mythologies* de Roland Barthes sont des phénomènes de croyance. Rien de tel aujourd'hui. Si notre époque produit encore des mythes, ceux-ci sont fondés sur le discrédit qui mine toute forme de croyance collective. Trump est leur officiant malicieux. Son mythe ne relève pas de la « fama » attachée aux actions exemplaires (l'adoration, l'élévation, le pardon) mais de l'infamie (la colère, la violence, l'outrance).

L'abbé Pierre était la figure d'un apostolat chrétien (foi, justice et charité)[2]. Donald Trump prêche non pas la foi mais la mécréance. Il n'invoque pas l'amour du prochain, la compassion et la solidarité, mais offre un exécutoire à leur frustration et à leur ressentiment. C'est une forme d'apostolat aussi, puisqu'il propage des « valeurs », la haine, la xénophobie, la misogynie, mais un apostolat à l'envers, hérétique, un apostolat du discrédit, une mécréance, qui propage le soupçon et jette le discrédit sur toutes les figures d'autorité : religieuse, juridique, politique, médiatique.

Une telle puissance du discrédit est l'aboutissement de l'inversion des valeurs jadis diagnostiquée par Nietzche qui se manifeste par la réversion de tous les signes : réversion du beau et du laid, du vrai et du faux, du réel et de la fiction. Ainsi une photo d'identification policière, a priori incriminante, un signe d'inculpation est transformé sur les réseaux sociaux

2. La publication d'un rapport commandé par Emmaüs France et la fondation Abbé-Pierre en juillet 2024 accusant le prêtre de harcèlement sexuel et d'agressions sexuelles de la fin des années 1970 à 2005 est venue écorner la figure de ce saint médiatique que la presse s'est mise à appeler brusquement de son vrai nom (Henri Grouès) comme pour le distinguer du mythe (de la marque) « Abbé Pierre ». L'analyse mythologique qu'en faisait Roland Barthes n'en apparaît que plus judicieuse. « Je m'inquiète, écrivait Roland Barthes, d'une société qui consomme si avidement l'affiche de la charité, qu'elle en oublie de s'interroger sur ses conséquences, ses emplois et ses limites. J'en viens alors à me demander si la belle et touchante iconographie de l'abbé Pierre n'est pas l'alibi dont une bonne partie de la nation s'autorise, une fois de plus, pour substituer impunément les signes de la charité à la réalité de la justice. »

en un signe d'absolution. Inculpé par le système judiciaire, il est innocenté par les réseaux sociaux. L'inculpation d'un ex-président qui se voulait le symbole de l'égalité de tous devant la loi est retournée dans une prise de judo symbolique en un abus de pouvoir du système. L'attaque par l'ex-président de la Constitution des États-Unis lors de l'invasion du Capitole le 6 janvier 2021 par ses partisans est occultée par une story légendaire, celle de l'homme qui affronte seul un système corrompu. Hommage du vice démocratique (élection volée, corruption) à la vertu médiatique et narrative (la légende de l'homme seul face au système).

> « C'est le visage qui donne la substance du signifiant, écrivent Gilles Deleuze et Félix Guattari dans *Mille plateaux*, c'est lui qui donne à interpréter [...]. Tiens, il a changé de visage. Le signifiant est toujours visagéifié. La visagéité règne matériellement sur tout cet ensemble des signifiances et des interprétations (les psychologues ont beaucoup écrit sur les rapports du bébé avec le visage de la mère, les sociologues, sur le rôle du visage dans les mass-media ou la publicité). Le dieu-despote n'a jamais caché son visage, au contraire : il s'en fait un et même plusieurs. [...] Tout est public chez le despote, et tout ce qui est public l'est par le visage. Le mensonge, la tricherie, font partie fondamentalement du régime signifiant...[3] »

En retournant l'accusation contre ses accusateurs dont l'obscur shérif du comté de Fulton de Géorgie est l'officier

3. Gilles Deleuze, Félix Guattari, *Mille plateaux*, Minuit, 1980.

douteux et dont la photo d'identité judiciaire se voulait la preuve infamante, Trump déplace son combat de la sphère judiciaire vers la sphère médiatique et de l'ordre juridique vers un ordre symbolique dont la règle est celle du défi, de la réversion, de la surenchère. Soumis au rituel infamant de la photo d'identification judiciaire, Donald Trump retourne ce rituel contre l'institution. Ce n'est pas lui mais la justice qui perd la face. Il ira même pendant la campagne électorale de 2023-2024 jusqu'à retourner contre son rival les accusations qui le visent en affirmant le 2 mars 2023, à Greensboro, en Caroline du Nord, que « la conduite de Biden à notre frontière est par définition une conspiration visant à renverser les États-Unis d'Amérique ». « M. Biden et ses complices veulent faire s'effondrer le système américain, annuler la volonté des électeurs américains et établir une nouvelle base de pouvoir qui leur permettra de contrôler le pays pendant des générations[4] », a-t-il accusé.

Le conflit entre Trump et les juges va au-delà d'un conflit entre l'exécutif et le judiciaire comme ce fut le cas de l'affaire du Watergate. C'est un conflit entre le judiciaire et l'imaginaire, la puissance de la loi et celle des réseaux sociaux. Qui va gagner ? Qui va forcer l'autre à comparaître et devant quelle juridiction ? Le modeste tribunal d'Atlanta et son shérif de pacotille dont on n'a même pas retenu le nom sont engloutis dans un inconscient collectif structuré par des images de justiciers et d'exploits qui défient l'imagination.

4. « Présidentielle américaine 2024 : Donald Trump remporte trois nouveaux États dans la course républicaine », *Le Monde*, 2 mars 2024.

Depuis sa première campagne en 2016, Donald Trump évolue dans un univers de super-héros et de bandes dessinées. Au cours de la campagne pour sa réélection en 2020, il avait publié une vidéo dans laquelle il incarnait le super-héros Thanos, un seigneur de guerre qui peut détruire en un claquement de doigts la moitié de l'univers. Nombre de ses supporters se sont étonnés de le voir incarner un héros négatif, le méchant que les super-héros poursuivent pour l'empêcher de nuire. Certains amateurs de la saga ont même rappelé que Thanos assassinait sa propre fille dans sa quête du pouvoir. C'était mal comprendre la stratégie de Donald Trump qui applique les lois de l'économie de l'attention et excelle à jouer les héros négatifs. « Je suis inéluctable », affirme Thanos à Iron Man lors d'une scène d'*Avengers*. C'est le défi lancé par le *mugshot* d'Atlanta. Trump est inéluctable. L'institution de la justice ne peut rien contre la puissance destituante du mythe.

Trump évolue dans l'éternel présent du mythe, un univers d'exploits surnaturels qui défient les lois de l'apesanteur politique ou judiciaire. Il ne peut pas être jugé puisqu'il est le justicier. Ne doit pas être sauvé puisqu'il est le sauveur. Trump n'écrit pas une histoire, il maçonne un mythe. Et ce mythe a trouvé son totem le 13 juillet 2024, lors de l'attentat manqué de Butler en Pennsylvanie. La photo de l'ex-président, le visage ensanglanté et le poing levé en signe de défi, a acquis instantanément la puissance d'un mythe. Cette fois, ce n'était pas seulement de ses accusateurs que Donald Trump triomphait mais de la mort elle-même à laquelle il venait d'échapper. « Je ne devrais pas être ici, je devrais être mort », a-t-il affirmé dès le lendemain dans un entretien au *New York Post.* « Beaucoup de gens disent que c'est la photo la plus iconique qu'ils aient jamais vue. Ils ont raison, et je ne suis pas mort. »

La photo d'Evan Vucci « attrape avec maestria le cœur brûlant de l'histoire », ont écrit dès le lendemain Olivier Lamm et Didier Péron dans *Libération*, décrivant « Trump en Superman ou Captain America intouchable » et soulignant « la conjonction chromatique hallucinante du rouge sang balafrant Trump en début de sourire Joker, du bleu des vestes et du blanc des chemises avec les trois couleurs du drapeau américain[5]... »

Un abonné de X/Twitter souligna la parenté de cette image avec la photo des Marines dressant un drapeau américain dans l'île japonaise d'Iwo Jima à la fin de la Seconde Guerre mondiale, une photo culte inscrite au cœur de l'imaginaire américain. Le *New Yorker* souligna la parenté des deux images avec leur composition triangulaire et le rôle central qu'y joue la bannière étoilée. Une comparaison devenue un mantra de l'attentat repris des centaines de fois dans la presse internationale.

La photo peut être lue comme un défi face à l'adversité, non plus seulement une posture agressive contre des ennemis identifiés (le système, les juges, les démocrates, l'État profond...) mais une représentation abstraite de résilience, de courage et de patriotisme. En émergeant de la masse amorphe formée par ses gardes du corps qui le plaquaient au sol, Trump est apparu

5. Olivier Lamm et Didier Péron, « Donald Trump blessé et poing levé, une photo du cœur brûlant de l'histoire », *Libération*, 14 juillet 2024.

le poing dressé et le visage en sang comme une puissance de défi, un héros imbattable, revenu du monde des morts pour sauver l'Amérique. Trump avait changé de dimension. Ce qu'il s'efforçait d'incarner maladroitement depuis une décennie, à force d'esbrouffes et de rodomontades, avait acquis, par le hasard de la trajectoire d'une balle, la puissance inégalée d'un mythe. Il avait rejoint l'un des mythes fondateurs de la culture américaine.

Le Waldo moment

Lorsqu'il est apparu dans la série *Black Mirror* en 2013, l'ours Waldo n'a pas fait recette. L'épisode 3 de la saison 2 intitulé « Le moment Waldo » semblait trop caricatural. Le concepteur de la série, Charlie Brooker, pensait avoir raté l'épisode. La raison en est simple. Trois ans avant la victoire du Brexit, la tyrannie des bouffons qui allait s'imposer aux démocraties occidentales était absolument impensable. Il a fallu attendre la nuit du 8 novembre 2016 au cours de laquelle Trump a été élu président des États-Unis pour que l'impensable devienne réalité. Tous les experts et les politologues se pinçaient pour y croire : un clown avait été élu à la présidence des États-Unis. Seuls les créateurs de *Black Mirror* avaient vu juste. Deux mois avant les élections, Charlie Brooker avait prédit la victoire de Trump. « Je trouve ça putain de terrifiant, avait-il déclaré à un journaliste, parce que je pense que Trump va gagner… Bonjour, nous venons de traverser le Brexit ! Bien sûr, Trump va gagner. » Il avait prévu ce que les sondages avaient ignoré jusqu'au bout. Au soir de la victoire de Donald

Trump, le compte Twitter de *Black Mirror* constatait : « Ce n'est pas un épisode. Ce n'est pas du marketing. C'est la réalité. »

Waldo est un ours bleu en colère, agressif et grossier, amateur de blagues salaces. Une sorte d'Hanouna en version cartoon. Waldo n'est pas réel. C'est un personnage de bande dessinée qui connaît à force d'outrances et de vulgarités un certain succès à la télévision. Les expressions de son visage, ses gestes et ses jurons sont interprétés en coulisses par un acteur raté (et désespéré) qui pilote son Waldo comme un bolide carburant à la colère. Les traits de son visage, à peine esquissés ignorent la joie ou la honte, la tristesse ou la peur, Waldo ne connaît que la colère. Il lui doit son succès. Il l'attise et la comble en même temps. Il la flatte et l'excite. À l'occasion d'une élection partielle, Waldo (ses sponsors qui le manipulent en coulisses) décide de se porter candidat ; formidable occasion de booster son audience à la télévision mais pas seulement. Waldo a une mission, jeter le discrédit sur ceux qu'il appelle les « politichiens ». Comment voter pour un personnage de dessin animé ? s'offusquent les professionnels de la politique. Un candidat qui n'est pas réel ? Ce à quoi Waldo a beau jeu de rétorquer : « Vous n'êtes pas plus réels que moi. »

Circulant dans un van qui lui sert de studio volant, Waldo fait une campagne à base de provocations. Il « inonde la zone de merde » comme le disait Steve Bannon qui fut l'ex-directeur de campagne de Trump. Nul besoin de convaincre les électeurs, le nerf de la campagne, ce n'est pas le crédit que l'on accorde aux hommes politiques et aux institutions démocratiques, c'est le discrédit qui les ronge. D'ailleurs Waldo n'a pas d'électeurs mais des fans. Sa « fanzoune » qui lui obéit au doigt en l'air et au clin d'œil. Lançant des insultes à la volée contre les autres candidats, Waldo voit sa côte grimper dans les sondages jusqu'à finir en seconde position le jour de l'élection.

En septembre 2015, le journaliste Chris Cillizza avait déjà observé sur son blog du *Washington Post* la ressemblance frappante de Donald Trump avec l'ours grossier et vulgaire de *Black Mirror*. « Waldo n'a aucun scrupule à utiliser des grossièretés, des blagues obscènes et toutes sortes de comportements politiquement incorrects pour gagner des combats verbaux avec ses adversaires. Les politiques traditionnels ne savent pas comment gérer Waldo parce qu'il est, eh bien, un ours maquillé. Waldo perd l'élection, mais son impact sur le public – et contre les politiciens – est énorme. »

Waldo est le héros du discrédit. Il grogne, s'esclaffe, hurle, insulte ses rivaux. Il émet les signes du ressentiment. Il fonde sa popularité sur l'impopularité des hommes politiques, la crédibilité de son « discours » sur le discrédit du « système ». Waldo ne raconte pas d'histoires, il exprime une sainte colère. Il est le levain de tous les ressentiments.

Après avoir été l'instrument et l'allié privilégié de la mise en spectacle de la vie politique, la télévision s'est retournée contre son allié politique au profit d'un pacte avec les réseaux sociaux passé sur le dos de la politique, devenue le bouc émissaire de la colère des foules. L'apparition des réseaux sociaux en 2005 a constitué ce changement d'échelle dont parlait McLuhan quand il affirmait que le vrai message, c'est le médium lui-même. L'apparition des réseaux sociaux en 2005 a joué ce rôle, le médium devenant un « prolongement de nous-mêmes ». De la mise en spectacle de la politique, on est passé à l'exposition maximale de son impuissance sur les réseaux sociaux. Les hommes politiques ont cédé leurs habits de lumière, abandonné leurs costumes de stars et de héros pour devenir les victimes affligées d'une dépolitisation chronique et impitoyable. Ils sont devenus des clowns contraints de défiler sous les quolibets et les insultes des Waldo en tous genres.

Black Mirror avait été la première série télé à voir venir la montée mondiale du populisme d'extrême droite sous les traits du pouvoir grotesque. « Le moment Waldo » décrit le lien explosif qui s'établit après la crise de 2008 entre la spirale du discrédit creusée par l'impuissance politique et la puissance médiatique qui s'en nourrit *ad nauseam*.

De Boris Johnson à Donald Trump et de Jair Bolsonaro à Matteo Salvini, tous les leaders populistes ont en commun ce qu'on pourrait appeler le « waldo-isme », cette *realpolitik* à l'ère de la télé-réalité. Waldo incarne un idéal-type, une sorte de mythe dégradé.

Loin de nous sembler caricatural, « The Waldo moment » est l'épisode le plus réaliste de la série *Black Mirror*. Il décrit avec une précision clinique comment la méfiance croissante à l'égard des politiciens et la fan culture promue par les réseaux sociaux ont créé cette illusion dynamique qui a conduit les électeurs à se confier à des célébrités sans expérience plutôt qu'à de vrais politiciens.

Partout où elle a réussi à s'imposer, la tyrannie des bouffons combine les pouvoirs fantasques du grotesque et la maîtrise méthodique des réseaux sociaux, la transgression burlesque et la loi des séries algorithmiques. Leur but ne doit pas être sous-estimé. Détruire la légitimité de la politique, dernier obstacle à la dérégulation générale de la vie en société. Substituer à l'impuissance politique la prise de contrôle de tous les aspects de la vie par la gouvernementalité algorithmique. « Nous n'avons pas besoin d'un politicien, dit le créateur de Waldo, nous avons tous des iPhones et des ordinateurs, n'est-ce pas ? Donc, toute décision doit être prise, toute politique, nous la mettons simplement en ligne. Que les peuples votent pouce en l'air, pouce en bas, la majorité gagne, c'est la démocratie. »

Charlie Brooker, le créateur de *Black Mirror*, avait coupé au montage une séquence au cours de laquelle la marionnette Waldo était passée d'une candidature à une élection partielle au statut de chef despotique d'un État de surveillance fasciste. Peut-être pensait-il qu'une telle séquence semblerait par trop farfelue. Rien de tout cela ne semble exagéré désormais.

Vocabulaire du discrédit

Topshop, la célèbre marque britannique dont la notoriété a explosé depuis qu'elle s'est associée avec Kate Moss pour une collection à son nom, a créé en 2016 une paire de jeans, en toile semi-extensible, ornés sur le côté d'une large bande avec les mots «*fake news*» en lettres majuscules blanches sur fond rouge. «Il ne vous reste plus qu'à imaginer ces jeans, avec une veste de smoking et des talons hauts, et bingo!», écrit avec humour Vanessa Friedman, la chroniqueuse de mode du *New York Times*.

L'expression *fake news* est devenue si omniprésente en 2016 qu'elle a été officiellement déclarée mot de l'année par le dictionnaire anglais Collins et l'American Dialect Society. «Alors nous avons pensé que nous pourrions immortaliser ce mot en l'inscrivant sur nos jeans», a déclaré Mo Riach, la directrice du département stylisme de Topshop. Tant il est vrai, comme l'écrit dans un tweet la blogueuse de mode Amanda Goodfried, que «la désintégration de l'idée de vérité, de science et de journalisme est *so fashionable*, un sujet de mode».

La mode fait son miel des signes en vogue, elle débusque les clichés, traque les stéréotypes, les recycle. Dans la mode, c'est le destitué qui s'offre une nouvelle vie, spectrale. Trump l'a bien compris. Il a créé sur le modèle des Fashion Awards la cérémonie des Fake News Awards (qu'il a attribué le 18 janvier 2016 aux médias « les plus malhonnêtes et corrompus de l'année »), sorte de grand-messe où l'on célébra le triomphe du *fake* et la transsubstantiation de toute information en *fake news*. Dans la bouche de Trump, ces mots résonnaient comme le mantra d'une ère nouvelle, postpolitique et postdémocratique, mais aussi comme un signe de ralliement pour tous les exclus du système.

Steve Bannon, le stratège de sa campagne de 2016, avait réussi une opération comparable. Il avait fait du 9 septembre 2016 une date clé de l'épopée trumpiste, et même un « jour saint » : le « jour saint des déplorables ». C'est en effet à cette date qu'Hillary Clinton avait qualifié les supporters de Trump d'individus « déplorables ». Elle visait la mouvance des nazillons et des suprémacistes blancs qui gravitaient autour de Donald Trump et de Steve Bannon lui-même. Dans un entretien au *New York Magazine*, Bannon a raconté cet épisode de la campagne de Trump. « Hillary Clinton arrivait de la plage à Reno (Nevada) pour son premier grand discours de rentrée. Et de quoi parle-t-elle ? De Steve Bannon, Breitbart, Alt-Right, des suprémacistes blancs, des misogynes… Je suis assis là à me dire : bon Dieu, elle veut être le commandant en chef, le job le plus puissant au monde, et elle parle de Breitbart ? Est-ce que tu te fous de moi ? J'ai dit à Trump : "Vous allez gagner", j'ai dit à l'équipe de campagne : "C'est fini." Si elle veut faire ça, nous les avons. Malgré tout leur brio, ils n'avaient aucune idée de la nature de la campagne. »

Et Bannon, loin de protester, a choisi de retourner l'insulte en se l'appropriant. « OK ! Nous sommes les "déplorables", nous les Bannon. » Et le terme « déplorable » est devenu un signe de ralliement pour les supporters de Trump. « Si tu es un "déplorable", cela signifie que tu t'es fait baiser. Nous, les Bannon, nous sommes juste un tas de putains de têtes dures. Les cols bleus, les pompiers, etc., juste des gens ordinaires et qui adorons Donald Trump. Tu sais pourquoi ? Il est le premier à dire à l'Establishment d'aller se faire foutre. Et nous sommes juste au début, c'est pourquoi la droite populiste va gagner. »

« On fait campagne en poésie mais on gouverne en prose », disait l'ancien gouverneur de New York, Mario Cuomo. Donald Trump n'a fait campagne ni en poésie ni en prose, mais dans une langue nouvelle que les observateurs ont tenté de définir en empruntant une métaphore à Internet : Trump, disaient-ils, était un troll, et même « le plus grand troll du monde » selon Nate Silver, le champion des prédictions électorales, ou encore « notre troll-in-chief » selon un autre expert libéral.

Cette langue troll se distingue des codes du langage politique traditionnel par ses outrances mais aussi par son rapport trouble avec la vérité et même la vraisemblance. Un nouvel idiome dont le trait principal est l'exubérance. Le discours trumpiste n'est pas fait que de mots. C'est une mise en scène totale. Il s'adresse autant à l'ouïe qu'à la vue. Ses hyperboles flottent au vent des drapeaux. À l'oral, la pauvreté syntaxique est compensée par l'outrance des gestes. À l'écrit, elle se gorge de majuscules, de guillemets et de points d'exclamation. L'« argotrump » n'est pas seulement une langue, c'est une transe qui ne souffre ni les longues phrases, ni les articulations logiques ; la grammaire et le lexique sont réduits au minimum. On n'écoute pas Trump, on communie à un rituel de destitution.

David Denby, critique de cinéma au *New Yorker*, a prélevé un échantillon de cette langue troll. Citation : « La peur, le danger, la stupidité. Stupidité ! Le sort de la nation est en jeu. La sécurité personnelle du peuple est en jeu. Quelque chose de "terrible" se passe. Nous ne pouvons pas vivre comme ça. Ça va empirer. Vous allez avoir de nouveaux World Trade Center. Ça va empirer. Nous ne pouvons être politiquement corrects, et nous ne pouvons être stupides, et ça va empirer. »

Inutile de construire des phrases. « Ses discours n'ont ni début, ni fin », écrit le critique, aucune forme, aucun point culminant, aucune tension narrative. Trump porte le langage à son plus bas niveau d'intensité. Mais il ne s'agit pas seulement d'incompétence ou de vulgarité. Trump fait preuve d'une certaine créativité dans l'usage qu'il fait de la langue. Celui qui s'est surnommé « l'Hemingway de Twitter » communique moins par des phrases structurées que par des signaux. Le *New York Times* en a fait l'inventaire dans une pleine page : il en a recensé plusieurs centaines pendant la campagne de 2016.

Un matériau indispensable pour les futurs Klemperer. Leur contenu n'est pas toujours ciblé. Il ne s'agit pas toujours de jeter le discrédit sur tel ou tel groupe ostracisé. Il suffit parfois de créer le soupçon sur le sens même des mots. À travers ses outrances et ses incorrections, Trump instaure un autre régime de langue, la langue du discrédit. Le triomphe du terme *fake news* ne signifie pas que le mensonge soit devenu la norme et que la vérité soit interdite ou exclue, c'est leur indifférenciation qui est désormais la règle.

Trump n'a nullement inventé l'expression *fake news* (elle est au moins centenaire), mais il se l'est appropriée et surtout il l'a retournée magistralement et en a fait une arme contre les médias officiels. Car il arrive que les mots comme les agents secrets se retournent contre ceux qui les emploient. L'année 2017 n'est donc pas tant l'année des *fake news* que l'année de leur retournement dans les mains de Donald Trump.

Quel est le sens de ce retournement ? La surenchère ! La stratégie de Trump a consisté à retourner l'expression utilisée par ses détracteurs pour stigmatiser son rapport problématique à la vérité. Utilisant la puissance de dissémination des réseaux sociaux, Trump a fait de l'expression *fake news* un brûlot qui a mis le feu à la médiasphère. Reprise sur les réseaux sociaux, la notion de *fake* est devenue un signe de ralliement et une arme pour ses partisans.

Vérité et mensonge. Réalité et fiction. Raison et folie. Original et parodie. Normalité et pathologique. Toutes ces oppositions rassurantes ont été dynamitées par l'arrivée de Donald Trump à la Maison-Blanche. Une nouvelle ère politique s'est imposée, caractérisée par la simulation généralisée, le paranormal et la post-vérité. Mais accuser Trump de mensonges n'a pas grand sens. Trump s'en défend en affirmant qu'il pratique l'« hyperbole vraie », « une exagération innocente mais une forme efficace de promotion ». Et dans la ruche des réseaux sociaux, c'est l'« hyperbole vraie » qui règle les échanges, avec ses bulles informationnelles indépendantes les unes des autres qui créent une sorte de huis clos propice aux rumeurs les plus folles, au complotisme et au mensonge. Trump s'adresse sur Twitter et Facebook à ses petites républiques du ressentiment qu'il réussit à fédérer en une masse survoltée.

Les grands médias voudraient bien jouer le rôle d'agences de notation des informations, mais ils sont eux-mêmes frappés de discrédit. Les fact-checkeurs sont les dindons du *fake*, puisqu'il s'agit moins de défendre une vérité pure et indivisible que de reconquérir des marges de crédibilité ; ce que l'opinion leur refuse obstinément. La farce des *fake news* peut donc continuer avec leur complicité.

L'effondrement de la confiance dans le langage ne résulte plus seulement d'effets stratégiques de manipulation, mais correspond à l'apparition d'un nouveau régime d'énonciation qui maintient tous les énoncés sur le mode de l'incrédulité. Il ne s'agit pas seulement d'un dérèglement du système d'information souvent qualifié dans les médias de « post-vérité », mais de la désintégration de tout l'espace de délibération démocratique.

Dans cet espace postdémocratique, l'agora est déserte et les *fake news* brillent au-dessus d'elle comme ces étoiles éteintes qui rayonnent longtemps après leur mort. Leur rayonnement est le signe paradoxal d'une extinction de toutes les médiations qui organisent et régulent la délibération démocratique.

Le débat public n'oppose plus des opinions rationnelles mais des mots fantômes, des paroles flottantes soumises à l'approbation des réseaux sociaux. Ils n'appartiennent à aucun lexique ni à aucune grammaire mais à un marché, le marché de l'indignation et du discrédit. Nous leur donnons vie par nos clics et nos likes. Ils ne tiennent qu'à nous.

L'affaire du « covfefe » en témoigne. Elle est célèbre aux États-Unis mais on l'a rangée au chapitre des bizarreries de Trump. Il faut lui restituer son importance symbolique et sa performativité. C'est un épisode burlesque de la vie du langage sur les réseaux sociaux. Le 31 mai 2017 à 00 h 06 Trump rédige un tweet. « *Despite the constant negative press covfefe...* » Ce qui signifie littéralement « Malgré les "covfefe" négatives constantes de la presse ». Le tweet est incompréhensible et inachevé. Le terme « covfefe » ne lasse pas d'intriguer car il n'existe pas en anglais. Il s'agit d'une faute de frappe du mot *coverage*, ce qui pourrait signifier : « Malgré les critiques négatives constantes de la presse... »

L'affaire aurait pu en rester là, conclue par un simple rectificatif de la Maison-Blanche. Mais le tweet est inachevé. Une phrase incompréhensible est restée suspendue toute la nuit sur le fil présidentiel. Que voulait dire Trump ? S'était-il endormi à mi-tweet ? Avait-il eu un malaise ? Les heures passent sans qu'un communiqué de la Maison-Blanche ou un nouveau tweet de Trump ne vienne dissiper le mystère du « covfefe ». Dans la nuit, le « covfefe » devient viral et donne naissance à un mème Internet… Au matin du 31 mai, on constate que le tweet a été retweeté plus de 105 000 fois et qu'il a engrangé 148 000 likes. Au cours des 24 heures qui suivent, le hashtag #covfefe atteint 1,4 million d'occurrences. Miracle de la multiplication des « covfefe ». Les spéculations vont bon train et les moqueries se déchaînent. Comme le mot ne veut rien dire, chacun peut lui donner le sens qu'il veut. « Arrêtez d'essayer de faire en sorte que "covfefe" se produise », retweete l'un. « Demandez à votre médecin si "covfefe" vous convient », conseille un autre… Etc.

À 6 h 09 le lendemain, Trump se réveille et tweete à nouveau. « Qui peut comprendre le vrai sens de "covfefe" ??? Profitez-en ! » L'excitation est à son comble. D'une simple faute de frappe, le « covfefe » s'est transformé en appât. La pêche à la traîne est relancée. Lors d'une conférence de presse à la Maison-Blanche, les journalistes s'impatientent : « Que signifie covfefe ? » « Que veut dire le président ? » Sean Spicer, l'attaché de presse accablé de questions, se voit obligé d'improviser une réponse : « Seuls le président et un petit groupe de personnes savent exactement ce qu'il voulait dire. » Ce qui a pour effet de relancer la curiosité des internautes…

« Covfefe, écrit la journaliste Adrienne Lafrance dans *The Atlantic*, reste le tweet qui illustre le mieux le don surnaturel de Trump : il sait comment captiver les gens, comment commander et détourner l'attention des masses. » Dans un article de décembre 2018 du magazine *Esquire,* le journaliste Tom Nicholson place « covfefe » à la première place dans le top cinq des « triomphes linguistiques » de Donald Trump. Le mot est devenu une marque qui orne des T-shirts, des tasses à café, des chapeaux, des sacs, des gadgets, des plaques d'immatriculation, plusieurs jeux de société, une application de suivi de la caféine, des puzzles et même du papier toilette. Un cheval de course appelé « Covfefe75 » remporte plusieurs courses hippiques importantes en 2018-2019. Le 12 avril 2020, l'acteur américain Alec Baldwin qui joue le rôle de Donald Trump dans l'édition de *Saturday Night Live,* rebaptise le Covid-19 « Covfefe-19 ». Rencontre d'un vaccin et d'une faute de frappe.

Ivan Ascher, l'auteur de *Portfolio Society*[1] confiait au lendemain de l'élection de Trump : « Si la posture d'imprévisibilité de Trump est incontestablement folle sur les questions de sécurité nucléaire, elle est néanmoins parfaitement compatible avec la logique de la finance spéculative. Et ce n'est pas une bonne nouvelle. Surtout maintenant que nous sommes passés – depuis son investiture – d'une volatilité induite par des tweets à l'incertitude provoquée par des *executive orders.* »

De même que les gestionnaires de portefeuille ne se soucient pas du cours des actions de la veille, Trump n'a pas à se soucier de ce qu'il a tweeté le jour précédent. L'essentiel étant

1. Ivan Ascher, *Portfolio Society: On the Capitalist Mode of Prediction,* Zone / Near Futures, 2016.

d'alimenter la volatilité créée par des avis imprévisibles – une volatilité qui peut être dévastatrice pour ceux dont la réputation est en jeu, mais peut être extrêmement lucrative pour ceux qui savent comment la rentabiliser.

En septembre 2019, la banque d'investissement JP Morgan Case est allée jusqu'à créer un indice destiné à mesurer l'impact des tweets de Trump sur les rendements obligataires américains. Appelé « Volfefe » une contraction des mots « volatilité » et « covfefe », cet indice met en lumière une sorte d'affinité élective entre le monde de la finance – qui vit dans le risque et la volatilité – et les tweets d'un milliardaire imprévisible et nihiliste à la présidence des États-Unis. C'est la vie financière du langage.

Sémiologie de la tronçonneuse

La tentation est grande de voir dans l'élection de Javier Milei à la présidence de la nation argentine un accident de parcours dans la vie démocratique de la troisième puissance économique d'Amérique latine minée par un endettement chronique et une inflation proche de 140 %. Inconnu dans son pays il y a encore trois ans, l'économiste libertarien qui l'a emporté avec un score de près de 56 % des voix s'est fait connaître sur les plateaux de télévision et les réseaux sociaux par ses outrances verbales à la Trump ou à la Bolsonaro.

Depuis son élection, nous n'ignorons rien de la personnalité excentrique de Javier Milei, de sa chevelure en bataille, de ses cinq chiens clonés qu'il qualifie de « meilleurs stratèges du monde » et qui portent le nom d'économistes libertariens tels que son maître à penser, Murray Rothbard, auteur de plusieurs ouvrages dont *The Libertarian Manifesto* (1973), ou de la tronçonneuse qu'il brandit au-dessus de sa tête comme un symbole des coupes budgétaires qu'il s'apprête à faire dans le budget de l'État. Qu'il attaque « l'État, ce pédophile dans un jardin d'enfants » (une référence oubliée au film de Woody Allen, *Annie Hall*) « avec des enfants enchaînés et baignés dans de la vaseline » ou qu'il s'en prenne au pape argentin, qualifié de « représentant du Malin » sur terre ou de « fils de pute », Javier Milei ne connaît pas de limites, ce qui en fait un client idéal pour les *talk-shows* et un candidat rêvé pour les réseaux sociaux. Il se propose d'interdire l'avortement, d'autoriser le commerce des armes et la vente d'organes, de privatiser la mer d'Argentine, soit un million de kilomètres carrés de l'océan Atlantique Sud. Le nouveau président s'en prend indistinctement aux « gauchistes de merde », aux écologistes et aux féministes mais il peut aussi s'attaquer à la monnaie nationale, ravalée au rang d'un « excrément » ce qui a provoqué une crise des changes. Exemple inédit dans une campagne électorale d'un candidat qui ruine la crédibilité de la monnaie de son pays. Celui qui se compare à un lion (il est de fait ébouriffant) rugit à tout va, il dénonce les deux principaux partenaires commerciaux de l'Argentine, la Chine « assassine », ou le Brésil de Lula taxé de communiste corrompu, mais il menace de retirer son pays du Mercosur (Argentine, Brésil, Paraguay, Uruguay) non sans vouer aux gémonies le Mexique, la Colombie, le Chili et le Venezuela. Il n'y a guère que les États-Unis et Israël qui trouvent grâce à ses yeux…

À Tucker Carlson, le célèbre éditorialiste conservateur américain, il expliquait son succès par « l'importance de l'image. » Selon lui, son passé de gardien de but de football semi-professionnel et de chanteur de rock d'un groupe qui reprenait les succès des Rolling Stones « ont fait de lui un produit télévisuel attrayant ». Cet économiste devenu une star des *talk-shows* n'hésite pas à sortir de son champ de compétence. Il s'est autoproclamé un jour « professeur de sexe tantrique » et ne craint pas d'affirmer : « Chaque homme a sa propre dynamique. Dans mon cas particulier, j'éjacule tous les trois mois. »

Rien n'est laissé au hasard dans la construction de son look déjanté – une veste en cuir usée surmontée d'une tignasse indomptable qu'il « ne peigne jamais », évoque selon Lilia Lemoine, sa « styliste », le personnage de bande dessinée Wolverine : « Parce que, comme Wolverine, c'est un anti-héros qui déplace les foules. » En 2019, à Buenos Aires, sur un salon de cosplay, il est allé jusqu'à se déguiser en un super-héros nommé « le Général AnCap » (un acronyme d'anarcho-capitalisme).

Lors de ses déplacements de campagne, Javier Milei se hisse à l'arrière d'un pick-up, encerclé par des milliers de partisans déchaînés qui portent des perruques de cheveux en bataille, distribuent de faux billets de 100 dollars à son effigie et affichent des photos de ses chiens.

« Filles et garçons poussent des hurlements comme devant une rock star », rapporte *Le Monde* qui l'a suivi lors de l'un de ces déplacements à Salta le 12 octobre 2023, une ville montagneuse du Nord-Ouest de l'Argentine. Pas besoin de longs discours. Les images suffisent. L'événement est mis en scène à l'intention de ses réseaux sociaux créés par des étudiants influenceurs qui voyagent avec lui et le filment. Depuis l'arrière du pick-up qui fend la foule, il agite la tronçonneuse comme un encensoir fumant, la foule scande : « La caste a peur, Milei président ! »

Plus encore que sa victoire électorale le 19 novembre 2023, ce qui a surpris, c'est son score sans appel, obtenu après une campagne tissée d'outrances verbales et de mises en scène grotesques qui aurait dû le disqualifier pour l'exercice de la fonction suprême. Le succès de Milei intrigue parce qu'il a été obtenu non pas malgré ses formes burlesques mais précisément à cause d'elles. Milei surfe sur le mécontentement des Argentins, il le relance et le modèle via les réseaux sociaux. Loin d'être découragés par ses outrances verbales et ses appels à la violence, ses électeurs y reconnaissent leur propre colère.

Dans une vidéo postée le 15 août 2023 sur son compte TikTok, Milei arrache des étiquettes à scratch au nom des ministères qu'il compte supprimer : ministère du Tourisme et des Sports : « Dégage ! » ; ministère de la Culture : « Dégage ! » ; ministère de l'Environnement et du Développement « Dégage ! », ministère des Femmes : « Dégage ! » et ainsi des ministères des Sciences et de la Technologie, du Travail, des Transports, de la Santé, de l'Éducation…

Rien ni personne n'échappe à l'entreprise de démolition mileienne, ni le peso ni le pape argentin, ultime autorité morale dans ce pays catholique. Les attaques de Milei ne ciblent pas seulement l'État corrupteur mais toutes les sources de légitimité démocratique. S'il a fait de la tronçonneuse son fétiche, c'est au bulldozer que sa campagne a emprunté ses traits les plus remarquables, conçue et exécutée comme une entreprise de démolition du pacte social. La liste est longue de ses oukases antidémocratiques :

– la légitimité politique (« la caste » parasite) ;
– la crédibilité des élections à travers la dénonciation de la fraude électorale ;
– le crédit de la monnaie et la signature de l'État ;
– la confiance dans la parole publique (la télévision et les médias « devenus un mécanisme de propagande ») ;
– l'autorité scientifique (Milei nie le réchauffement de la planète qui n'est qu'un « cycle », et « pas une responsabilité de l'Homme », « un mensonge des socialistes ») ;
– le principe de la démocratie sociale, « synonyme de déficit budgétaire » ;
– l'acceptation de l'impôt et de la fiscalité redistributrice, « vestige de l'esclavage » ;
– le principe d'égalité entre les citoyens par l'éducation et la santé.

Cet anti-héros, roi de l'esbroufe et de la caricature, incarne une catégorie historico-politique inédite apparue à la faveur du Brexit et de la pandémie du Covid-19. Jamais les bouffons, les clowns et les pitres n'avaient eu autant d'influence sur la vie politique. L'outrance devient une norme de la communication qui permet de capter les attentions, et le burlesque un nouveau style politique. La scène politique est sens dessus dessous, agitée par des spectres, mue par des forces irrationnelles, en proie à une sorte d'ensorcellement de la raison politique.

Partout où se porte le regard, le grotesque semble avoir pris le pouvoir. Trump en a été la première manifestation mais il n'a cessé depuis 2016 de se manifester partout dans le monde à la faveur de l'épidémie de coronavirus. Jair Bolsonaro au Brésil, Boris Johnson en Grande-Bretagne, Matteo Salvini et Beppe Grillo en Italie, et désormais Javier Milei en Argentine. Mais ce dernier va beaucoup plus loin que ses prédécesseurs qui, tels Salvini, Bolsonaro ou Trump, s'appuient sur l'autorité religieuse, l'Église catholique en Italie, les évangélistes au Brésil ou aux États-Unis. Milei a poussé la logique du pouvoir grotesque à un niveau inégalé jusque-là. Il a déboulonné une à une les statues de la croyance populaire, pour n'en laisser qu'une debout, la sienne. Et ce, dans un double but. Un, délégitimer la scène démocratique traditionnelle (ses responsables, ses rituels, son agenda). Deux, mettre cette campagne de démolition au service d'un nouvel agenda libertarien formalisé dans un slogan asséné dans tous ses meetings, « La liberté, bordel ».

Tout ce qu'on peut dire de ce pouvoir grotesque, c'est qu'il assoit sa légitimité de manière paradoxale, non pas sur le crédit qu'il inspire et que l'élection lui confère, mais sur le discrédit qu'il jette sur tous les rouages et toutes les sources de légitimité du système démocratique. D'où son caractère clivé qui se donne à lire sous la forme d'un pouvoir grotesque institué.

Max Weber distinguait trois types de dominations légitimes : la domination de nature rationnelle légale, la domination traditionnelle et la domination charismatique.

Force est de constater que le pouvoir grotesque par son insouciance, ses injonctions contradictoires, l'irrationalité de sa conduite, ne relève d'aucune de ces dominations légitimes. Tout d'abord, le pouvoir grotesque met à mal la domination de nature rationnelle légale, fondée sur le respect de la loi, sur la croyance en la légalité des règlements. Il ébranle la domination traditionnelle qui s'autorise de règles, des coutumes, des habitudes dont elle assure la transmission.

Quant au pouvoir charismatique tel que l'a défini Max Weber, fondé sur la grâce personnelle et extraordinaire et par « des qualités prodigieuses, ou des particularités exemplaires qui font le chef », il est non seulement dénié par le pouvoir grotesque, il est retourné, inversé sous la figure du bouffon sans qualité. En lui, c'est l'homme commun et non pas le chef doté de qualités prodigieuses que les réseaux sociaux acclament. L'homme-clown de la télé-réalité ou des *talk-shows*, magnifié et comme électrisé par les réseaux sociaux.

L'excès, l'outrance, la démesure n'ont jamais cessé d'être au cœur de la philosophie politique de Platon à Aristote et de Cicéron à Montesquieu. Comment la conjurer ? Comment lui fixer des limites ? Quel type de constitution adopter pour en limiter la portée ? Les Grecs lui opposaient les notions de tempérance, de modération qui ont traversé les siècles, passant de main en main tel un relais (de la *sôphrosunè* grecque à la *moderatio* cicéronienne) jusqu'à devenir la vertu cardinale du législateur avec Montesquieu qui affirmait n'avoir écrit *L'Esprit des lois* qu'à la seule fin de prouver que « l'esprit de modération » doit être celui du législateur car « c'est la modération qui gouverne les hommes, et non pas les excès ».

La figure de l'excès n'en finit pas de rebondir dans l'histoire politique ; elle chatoie sous la multiplicité de ses figures historiques, adoptant les formes de la provocation, de l'insulte, de la parodie, de la caricature. Dans un texte peu connu de son cours au Collège de France de 1974-1975[1], Michel Foucault a érigé le « pouvoir grotesque » ou l'« ubuesque », en une véritable catégorie historico-politique. Il a dressé un portrait du bouffon politique dans lequel on peut reconnaître Javier Milei. La Rome impériale, écrivait Foucault, connaissait déjà très bien ces mécanismes de gouvernement à travers « la disqualification quasi théâtrale de la personne de l'empereur ». Il la qualifiait de « souveraineté infâme [...] qui fait que celui qui est le détenteur de la *majestas* est en même temps, dans sa personne, dans son personnage, dans sa réalité physique, dans son costume, dans son geste, dans son corps, dans sa sexualité, dans sa manière d'être, un personnage infâme, grotesque, ridicule » : d'Héliogabale, « faisant l'amour comme une femme », « accueillant la débauche par tous les orifices de son corps », en passant par Claude, asservi à sa femme, la vicieuse Messaline, à Néron, « qui ne rougit pas de se livrer aux actes

1. Michel Foucault, *Les Anormaux*, EHESS/Gallimard/Seuil, 1975.

les plus honteux avec hommes et femmes, qui aime se travestir et épouse son affranchi… »

Lorsque Foucault parlait du « pouvoir grotesque », il n'avait pas sous les yeux le florilège d'absurdités et d'incompétences dont nous avons été témoins depuis l'élection de Donald Trump. Il ne s'agissait nullement pour lui de faire un usage polémique des mots « grotesque » ou « ubuesque » dans le but de disqualifier les hommes d'État qui seraient ainsi définis mais de tenter de comprendre au contraire la rationalité de ce pouvoir grotesque ; une rationalité paradoxale puisqu'elle se manifeste par l'irrationalité et l'incompétence de ses décisions.

> « La souveraineté grotesque opère non pas en dépit de l'incompétence de celui qui l'exerce mais en raison même de cette incompétence et des effets grotesques qui en découlent […]. J'appelle grotesque le fait qu'en raison de leur statut, un discours ou un individu peut avoir des effets de pouvoir que leurs qualités intrinsèques devraient disqualifier[2]. »

Ainsi de l'apologie de la mafia par Javier Milei qu'on a très peu commentée tant elle apparaît aberrante, injustifiable, passée par pertes et profit de ses outrances : « Entre la mafia et l'État, je préfère la mafia. La mafia a des codes, elle tient ses engagements, elle ne ment pas, elle est compétitive. »

2. Michel Foucault, *Les Anormaux*, EHESS/Gallimard/Seuil, 1975.

Michel Foucault fournissait la raison profonde de cette complicité : « Il y a une sorte de symétrie, de cousinage entre le criminel et le despote, qui se tendent en quelque sorte la main comme deux individus qui, refusant, négligeant ou brisant le pacte (social), font de leur intérêt la loi arbitraire qu'ils veulent imposer aux autres. »

Avec une prescience remarquable, Foucault nous alertait contre l'illusion qui consiste à voir dans le pouvoir grotesque « un accident dans l'histoire du pouvoir », « un raté de la mécanique », alors qu'il constitue « l'un des rouages qui font partie inhérente des mécanismes du pouvoir ». Le pouvoir grotesque selon Foucault constituait une catégorie historico-politique qui exprimait « la force que le pouvoir assume quand il revêt les formes les plus bouffonnes et les plus infâmes ». « En montrant explicitement le pouvoir comme abject, infâme, ubuesque ou simplement ridicule, il s'agit de manifester de manière éclatante le caractère incontournable, l'inévitabilité du pouvoir, qui peut précisément fonctionner dans toute sa rigueur et à la pointe extrême de sa rationalité violente, même lorsqu'il est entre les mains de quelqu'un qui se trouve effectivement disqualifié. »

C'est exactement ce qu'a réussi Javier Milei : démontrer que l'indignité du pouvoir n'en élimine pas les effets, bien au contraire ses effets sont d'autant plus violents et écrasants que le pouvoir est grotesque. Le grotesque est l'un des procédés essentiels à la souveraineté arbitraire qui se répand, enflammée par le discrédit, un mécanisme à double détente, grotesque *et* autoritaire, dans lequel le second agit à l'abri du premier.

2.
Éclipse

« Because something is happening here
But you don't know what it is. »

Bob Dylan, *Ballad of a thin man.*

« Le président qui rétrécit »
(*The shrinking president*)

Time surnomma en juin 1992 George Bush père « *The shrinking president* ». Le président qui rétrécit. Un an plus tard, c'est Bill Clinton qui hérita du sobriquet : il apparut en Lilliputien sur la couverture de l'hebdomadaire. Puis ce fut le tour de George W. Bush qui méritait plus qu'aucun autre de subir le fâcheux rétrécissement. Barack Obama lui-même n'a pas été épargné. Dès son premier mandat, Jeff Shesol, ancien porte-parole de Bill Clinton, se lamentait dans le *New Yorker* : « *The presidency is shrinking again.* » La présidence rétrécit à nouveau.

Le *shrinking president* est inspiré du célèbre récit de Richard Burton Matheson (1926-2013), *L'Homme qui rétrécit (The Shrinking Man)*, adapté au cinéma par Jack Arnold en 1957. Il raconte l'histoire d'un homme, Scott Carey, dont la taille réduit dramatiquement après qu'il est passé en pleine mer dans une nappe de brouillard radioactif. Scott perd des centimètres chaque jour. S'engage alors une course contre la montre : il se soumet à une série de tests médicaux pour tenter d'inverser le processus. Les semaines passent, Scott ne mesure plus qu'une dizaine de centimètres. Il vit désormais dans une maison de poupée, aménagée par son épouse. Il est attaqué par le chat de la maison, puis par une araignée deux fois plus grosse que lui. Pour Richard Burton Matheson, « l'histoire de Scott Carey était une métaphore de la réduction de la place de l'homme dans le monde ». Le film a connu un succès planétaire en raison de ses effets spéciaux. Depuis plus d'un demi-siècle, la métaphore de l'homme qui rétrécit fait partie de notre imaginaire collectif, au même titre que « L'homme invisible » ou « King Kong ».

En 2010, Nicolas Sarkozy fit la une du magazine *The Economist* portraituré en petit Bonaparte, un bicorne surmontant deux courtes jambes. Sa caricature était accompagnée du label infamant « *The shrinking president* », le président qui rétrécit. On l'imputa à sa personnalité fantasque et imprévisible. Vint François Hollande le candidat normal. Mais lui aussi se mit à maigrir aussitôt en campagne et ce n'était pas une métaphore. Il perdit une quinzaine de kilos jusqu'à fondre dans ses costumes. Disparus le double menton et les bourrelets dans le cou. Sa détermination fut jaugée à l'aune des kilos perdus. Durant de longs mois, Hollande maigrissait en même temps qu'il mûrissait sa décision ; la perte de poids confinant à une sorte de rédemption et même de seconde naissance. Le carême du candidat prélude à sa transfiguration présidentielle. Mais une fois au pouvoir, l'homme maigre reprit aussitôt les kilos perdus, comme un homme libéré de ses dettes reprend ses biens au mont-de-piété. Il craquait à nouveau dans ses coutures. C'est sa stature présidentielle qui ne cessait de s'effilocher comme dans un phénomène de vases communicants entre l'homme en surpoids et le président plombé par l'impopularité. Celui qui avait fait de sa diète spectaculaire une preuve de sa volonté d'être candidat se mit à perdre des points dans les sondages au rythme des kilos retrouvés jusqu'à compromettre sa capacité à se représenter pour un deuxième mandat.

Pendant la campagne de 2008 aux États-Unis, Barack Obama était accompagné dans ses meetings par la chanson de Bob Dylan *Ballad of a thin man*, la « Ballade d'un homme mince » et son refrain devint un des slogans de sa campagne. « Quelque chose se passe ici / Mais vous ne savez pas ce que c'est… »

Mais qu'est-ce qu'il se passe avec la maigreur des hommes politiques ?

René Girard analysait l'obsession de la maigreur comme une forme de rivalité mimétique qui opposait les hommes de pouvoir. « Le Jules César de Shakespeare se méfie de la minceur de Cassius. » Adorno voyait dans le succès de *King Kong* une projection collective de cet autre monstre, l'État totalitaire. « On se prépare à la terreur en s'habituant à des images de géants », écrit-il dans *Minima Moralia*. À quoi donc se prépare-t-on en s'habituant à des images de nains ?

Force est de constater que la « diète compétitive » s'est exacerbée dans des sociétés qui prônent la concurrence impitoyable entre les individus. Autrefois, l'embonpoint des notables rassurait le bon peuple. Aujourd'hui, c'est la maigreur qui donne aux gouvernants leur crédibilité. Les kilos en moins valent autant de points gagnés dans les sondages et le candidat, comme le boxeur, doit se soumettre à l'épreuve de la balance au risque d'être disqualifié. L'homme rond de l'État-providence, le bon vivant des banquets rad-soc a cédé la place au corps maigre et surentraîné de l'homme politique néolibéral. Comment prêcher la rigueur avec un double menton ? Comment mener la croisade contre l'endettement en affichant l'embonpoint des notables ? Le temps est à la diète autant qu'à la dette. Le *lean management* (gestion allégée, « dégraissée », mise au point chez Toyota, au Japon, dans les années 1980) s'impose aux corps humains comme aux corporations.

À l'instar du corps des mannequins devenu objet de mode, le corps politique a subi un même processus de mise à nu. Ce n'est plus l'uniforme ni le rituel de ses apparitions qui légitiment l'autorité des gouvernants, c'est la mise en scène du corps lui-même. Corps élancé et élégant d'un Obama… Torse nu d'un Poutine. Corps en sueur, agité, secoué de tics de Sarkozy. Corps lifté, aux implants légendaires d'un Berlusconi, devenu spectral à force de chirurgie esthétique…

Le corps néolibéral doit incarner le caractère précaire, éphémère, nomade, passager de toute activité ou construction. Il doit être modelable à loisir, capable de se styliser, de se relooker sans cesse dans un *morphing* politique permanent. Le défi n'est plus de « rester soi-même » dans un environnement changeant, mais de changer sans cesse et de s'adapter aux changements de conjoncture. Et pour cela, savoir rester maigre. Une maigreur synonyme d'adaptabilité, de flexibilité. Une maigreur d'avatar qui s'impose à chacun.

Avec son nom qui semble sorti d'un album d'Astérix, l'Ozempic, un médicament destiné aux patients atteints d'un diabète de type 2, s'est révélé à l'usage un puissant agent amaigrissant. Il s'est acquis en quelques mois une réputation de potion magique sur le marché très encombré des produits minceur.

L'Ozempic contient du sémaglutide, une substance active qui permet de réguler la glycémie en stimulant la sécrétion de deux hormones – l'insuline et le glucagon – en fonction des besoins de l'organisme. Il réduit l'appétit et ralentit la digestion avec un effet coupe-faim. Les patients traités à l'Ozempic perdent en quelques semaines une quinzaine de kilos. Détourné de son usage thérapeutique, cet antidiabétique providentiel est devenu la star des cures d'amaigrissement. La rumeur n'a pas tardé à se répandre sur les réseaux sociaux jusqu'à prendre l'ampleur d'un véritable phénomène de société.

Le Dr Paul Jarrod Frank, un dermatologue, confiait au *New York Times* : « Nous n'avions pas vu un médicament sur ordonnance susciter autant de discussions dans les cocktails et les dîners depuis que le Viagra est arrivé sur le marché[1]. »

1. « Those Weight Loss Drugs May Do a Number on Your Face », *The New York Times*, 24 janvier 2023.

Les médias parlent d'une « ère Ozempic » qui pourrait signifier bien plus qu'une mode ou un nouveau régime diététique, un nouveau rapport à son propre corps. Depuis plusieurs mois, des vidéos circulent sur Instagram montrant des femmes s'injectant de l'Ozempic dans le ventre à l'aide d'un petit stylo bleu, surnommé le *skinny pen* le « stylo minceur ». Sur TikTok, le hashtag #ozempic culmine à plus de 500 millions de vues. La demande mondiale de ce remède providentiel a explosé, provoquant des ruptures de stock dans les pharmacies et privant les patients diabétiques d'un médicament essentiel.

Tout est parti d'Hollywood où l'« Ozempic-mania » s'est emparée des célébrités, transformant en quelques semaines les corps des stars bodybuildés en ados au ventre plat et aux joues creuses. Elon Musk a avoué avoir pris de l'Ozempic et perdu environ 13 kg grâce au médicament. Lors de la cérémonie des Oscars le 13 mars 2023, le présentateur Jimmy Kimmel s'est amusé de cet engouement collectif en contemplant l'assistance : « Tout le monde a l'air si bien. Quand je regarde autour de moi dans cette salle, je ne peux pas m'empêcher de me demander : "Ozempic est-il fait pour moi ?" »

L'actrice Mindy Kaling (série *The Office*) et Lady Gaga sont apparues amaigries à cette même cérémonie. L'opulente Kim Kardashian qui a imposé pendant la dernière décennie un nouvel idéal du corps féminin s'est métamorphosée de manière spectaculaire. Au Met Gala de 2022, elle est apparue dans la robe de Marilyn Monroe délestée d'une dizaine de kilos, un résultat obtenu en trois semaines selon ses dires. Mais elle a démenti avoir eu recours au remède miracle sans doute pour ne pas minimiser le mérite d'un tel exploit. « J'ai supprimé le sucre, la malbouffe et les aliments frits de mon alimentation », a déclaré la star de la télé-réalité qui a révélé qu'elle se réveillait tous les jours et effectuait des exercices à 5 h du matin avec son entraîneur de fitness. Sa sœur Khloé a publié des photos de son quarantième anniversaire dans lesquelles elle a l'air aussi mince et blonde qu'une Barbie. Mais elle aussi s'est défendue d'avoir eu recours à Ozempic « Ne discréditons pas mes années de travail » a-t-elle commenté sans la moindre ironie.

Car l'injonction de la minceur ne doit pas dissimuler l'impérieux devoir de l'exercice. La star de la télé-réalité n'a pas « la beauté facile » comme l'écrit le poète. Elle ne l'assoit pas sur ses genoux, elle la gagne par son travail. C'est une abeille ouvrière du glamour. Mais à quoi bon tant d'efforts ? S'agit-il seulement d'être belle ou célèbre ?

Quelle injonction est à l'œuvre dans ce désir de maigreur que révèle la frénésie Ozympic ? Roland Barthes avait une théorie intéressante sur l'idéal de maigreur. Vouloir être maigre, c'était, selon lui, la forme la plus naïve du « vouloir être intelligent ». On ignore si c'est le cas des Kardashian, mais si l'intelligence désormais se mesure à la « performativité » des individus, la maigreur est peut-être le symptôme d'un « vouloir être performant ».

Le succès d'Ozempic ne doit rien au hasard. Il accompagne un changement d'idéal-type, un retour aux années 2000 et à l'injonction de la maigreur qui a tant fait polémique sous le signe de l'*heroin chic*. Lors de la Fashion Week parisienne – printemps-été 2023 –, l'esthétique Y2K, abréviation de Year 2000, a imposé le retour en force de la maigreur sur les podiums. Sur TikTok, le hashtag #Y2K compte presque 7 milliards de vues.

Et dans ce retournement, les Kardashian jouent un rôle majeur. Car elles mettent en scène non seulement un retour à la minceur des années 2000, mais plus encore que la minceur, la capacité à se métamorphoser par l'effort, l'exercice et la privation. Pour en prendre la mesure, il faut rappeler comme le fait drôlement l'essayiste Jia Tolentino dans le *New Yorker* que « le corps féminin idéal de la dernière décennie, né de l'alliance impie d'Instagram et de la famille Kardashian, était aussi juteux et étrange qu'une pêche injectée de silicone… une taille sculptée, un cul énorme, des hanches qui s'étendent généreusement sous un bikini échancré – et aussi le visage qui la surmonte, un hybride profilé d'un mannequin humain reconnaissable et d'un félin sexy[2] ».

Les modèles transmis par la télé-réalité et les réseaux sociaux ne sont pas figés dans le temps, ils expriment le caractère précaire, éphémère, nomade, passager de toute activité (traduit dans le lexique de la révolution managériale par les mots de

2. Jia Tolentino, « Will the Ozempic Era Change How We Think About Being Fat and Being Thin? », *The New Yorker*, 20 mars 2023.

« mobilité », « adaptabilité », « *lean production* ».) Le sculpteur Marc Quinn avait fait poser Kate Moss pour une sculpture de glace destinée à fondre en quelques mois. Une figure de la « modernité liquide » théorisée par le sociologue Zygmunt Bauman et une forme d'anticipation de la magie Ozempic qui fait fondre les corps.

Si le mythe de Marilyn revisité par Andy Warhol reposait sur la duplication à l'infini du même visage, chargé soudain d'une ubiquité quasi divine, les mannequins d'aujourd'hui défient le temps par l'aptitude à la métamorphose. Warhol avait créé un mythe de l'âge de la photocopieuse – pas de Marilyn sans Xerox –, le mythe Ozempic, lui, est contemporain de Photoshop et des logiciels de *morphing*.

Le célèbre dermatologue Simon Ourian, ami et médecin des Kardashian, a raconté au *Hollywood Reporter* qu'il voyait des patients arriver avec une peau affaissée et des fesses « dégonflées » après avoir perdu du poids trop rapidement sous l'effet d'Ozempic. Il parlait même d'une nouvelle morphologie Ozempic, un nouveau corps Ozempic (*Ozempic body*). Le dermatologue new-yorkais Paul Jarrod Frank parle lui d'un « visage Ozempic » (*Ozempic face*) pour décrire le vieillissement du visage dû à un amaigrissement trop rapide sous l'effet d'Ozempic[3].

3. Ingrid Schmidt, « Hollywood Plastic Surgeons Confront the Rise of Ozempic Body », *The Hollywood Reporter*, 14 avril 2023.

On imagine ce que Proust aurait pu faire d'une telle révolution anthropomorphique. Un « bal des têtes » au cours duquel le rajeunissement des corps se paierait en quelque sorte du vieillissement des visages. Des corps d'adolescents sur des visages prématurément vieillis.

Mythologie de la viande

Le corps de l'*homo politicus* a subi depuis une trentaine d'années une série de distorsions qui ont métamorphosé son apparence et son style, ses postures, ses manières de marcher et de se tenir, de manger et de parler... Comme face à un miroir déformant, le corps des dirigeants a subi des transformations inédites, se rétrécissant à certains endroits pour grossir à d'autres, parfois jusqu'à l'obésité. Ces transformations physiques ne doivent rien au hasard, elles sont les effets du discrédit qui frappe la représentation politique. Pendant que les dirigeants néolibéraux maigrissent à vue d'œil, leurs opposants populistes manifestent un grossissement inverse à travers les figures populistes de Johnson, Trump, Bolsonaro, Milei... Une révolution des formes de légitimité qui n'a pas lieu de surprendre tant la figure de l'obésité appartient à un imaginaire populaire dont le Gargantua de Rabelais est la figure comique. Rabelais perpétue une tradition folklorique, le carnavalesque, qui associe le gigantisme au grotesque, le grossissement à l'outrance. Inversion du haut et du bas, travestissement grotesque de la figure du roi, bouleversement des catégories du légitime et du sacré, multiplication des formes de l'outrance verbale et corporelle… L'insurrection par le bas est la forme que prend le discrédit contre toutes les figures du pouvoir (monarchique, savant, religieux, l'alliance entre Versailles et la Sorbonne).

Donald Trump mesure près de deux mètres et pèse plus de 100 kg, il avale des quantités de hamburgers et ne boit que du Coca-Cola. Boris Johnson (qui a pesé jusqu'à 111 kg pour environ 1,78 m) a élevé le « gâteau » au rang d'un symbole de l'indépendance nationale au cours de la campagne pour le Brexit. « Nous pouvons récupérer notre gâteau et le manger si le Royaume-Uni quitte l'Union européenne », s'attirant une verte réplique de l'actrice Emma Thompson favorable au maintien dans l'Union européenne, qui affirma que le Royaume-Uni était « une vieille île grise remplie de gâteaux et de misère ». Matteo Salvini fut sans doute le premier à faire de la nourriture un argument de campagne et un drapeau de l'identité italienne. Il se présentait comme un homme du peuple, qui mange comme le peuple et qui ne craint pas de grossir comme le peuple. Des cannellonis aux lasagnes et à la crème Nutella, son compte Twitter quand il était ministre de l'Intérieur était illustré de pizzas à son effigie ou de plats régionaux qu'il engloutissait à l'occasion de ses visites dans les régions italiennes. Salvini et la pizza sur Twitter, Salvini et la pasta sur Facebook, Salvini et le saucisson sur Instagram !

Au Brésil, Jair Bolsonaro a fait campagne en 2016 sous le signe des « 3 B », les lobbys du (bœuf), les partisans du port d'arme (balles) et les religieux pentecôtistes (Bible).

Pierre Bourdieu a forgé le concept d'« hexis » corporelle pour définir ces états du corps politique qui, loin d'être fortuits, constituent « une mythologie politique réalisée, incorporée, devenue disposition permanente, manière durable de se tenir, de parler, de marcher et, par là, de sentir et de penser[1] ». On peut mesurer l'importance de l'« hexis corporelle » au vu des caractères physiques et du comportement des hommes politiques, la manière dont ils se mettent en scène, règlent leur apparition publique, contrôlent la régie de leur performance, jouent de leur apparence, pour dire ce qu'ils sont ou ce qu'ils voudraient être. Pendant que l'homme politique néolibéral subissait un rétrécissement physique sous l'idéal du « devenir maigre », le leader populiste s'affichait de plus en plus souvent comme un gros mangeur et ne craignait pas d'assumer des rondeurs « populaires » confinant à l'obésité, signe de bonne santé. Pendant que les uns maigrissaient à vue d'œil, comme sous l'effet d'une rigueur janséniste, les autres se remplumaient tout aussi vite dans un processus de vases communicants. Diète néolibérale d'un côté, bonne chère populiste de l'autre. Ainsi assiste-t-on depuis une vingtaine d'années à un dédoublement de l'« hexis corporelle » des dirigeants sous la pression du discrédit : rétrécissement néolibéral vs grossissement populiste.

Aux États-Unis, la viande est devenue un enjeu central des guerres culturelles entre républicains et démocrates. Les T-shirts pro-Trump de la campagne de 2016 affirmaient sans ambages : « C'est l'Amérique. Nous mangeons de la viande. Nous buvons de la bière et nous parlons un putain d'anglais. »

1. Pierre Bourdieu, *Le Sens pratique*, Minuit, 1980.

Fox News s'est récemment illustré dans cette guerre de la viande en prétendant que Joe Biden avait un plan visant à supprimer 90 % de la viande rouge de l'alimentation américaine, ne laissant au consommateur qu'une ration de 4 livres de viande par an, ou un hamburger par mois. La représentante du Colorado, Lauren Boebert, a demandé à Joe Biden de « rester en dehors de [sa] cuisine » pendant que des personnalités conservatrices protestaient contre l'intrusion de Biden « dans la salle à manger américaine ».

L'information de Fox News était fausse et la chaîne s'en est excusée mais cela n'a pas levé l'hypothèse d'une guerre contre la viande menée par « les politiciens déconnectés et les élites hollywoodiennes ». Un rapport de l'Agence de protection de l'environnement de 2019 a noté que l'agriculture était responsable de 10 % de toutes les émissions de gaz à effet de serre. Le Green New Deal défendu par Alexandria Ocasio-Cortez appelle à une forte réduction de la production animale. Biden a qualifié le plan de « cadre important » sans l'adopter. Une indécision qui encourage la propagande des républicains qui se plaignent de la guerre contre la viande menée par les démocrates. Alors que de plus en plus d'Américains reconnaissent le lien entre la production alimentaire et le changement climatique, les choix alimentaires sont connectés de plus en plus à des enjeux politiques. Déjà, dans les États agricoles, le sujet de la consommation de viande a rejoint les thèmes de l'avortement, du contrôle des armes à feu et des droits des personnes transgenres comme des enjeux de guerres culturelles. Les démocrates soucieux du climat sont accusés d'essayer de changer le régime alimentaire des Américains et, par conséquent, leur vie.

La guerre de la viande fait rage entre certains États comme le Nebraska, gros producteur de viande qui génère plus de 12 milliards de dollars par an, et son voisin le Colorado qui a choisi de participer à l'opération « Un jour sans viande » (*MeatOut Day*). Le Nebraska a répliqué en décrétant « La viande au menu du jour ».

En 2018, Ted Cruz affirmait : « Si le Texas élit un démocrate, ils vont interdire les barbecues dans tout l'État. » En 2016, alors candidat à la primaire républicaine, il avait publié une vidéo de campagne dans laquelle il faisait griller une tranche de bacon sur le canon de son fusil d'assaut. Une manière de combiner deux obsessions républicaines : les armes et la viande[2].

Fabien Roussel, le candidat du Parti communiste en France a enfourché lui aussi le cheval de bataille de la viande pendant la campagne électorale de 2020 en décrivant ses concurrents de gauche comme de « tristes mangeurs de soja ». Un bon vin, une bonne viande, un bon fromage ! Quoi de plus revigorant dans le climat anxiogène nourri par la pandémie que d'invoquer la bonne chère ?! Roussel a fait de la trilogie vin-viande-fromage la bannière tricolore d'une reconquête culturelle aux parfums de province. « Fini la coppa ! Fini la panisse à Marseille ! Fini les frites dans le Nord ! Terminé ! Mais on va manger quoi ? Du tofu et du soja ! » José Bové avait fait du roquefort une arme politique dans sa guerre contre les géants de la malbouffe. Roussel va plus loin. Il politise les protéines. Il fait du

2. « VIDÉO. États-Unis : Ted Cruz sait comment se démarquer face aux autres candidats républicains », *The Huffington Post*, 3 août 2015.

cholestérol une arme de guerre culturelle. Il nationalise la boucherie. Il parle au ventre national.

Roland Barthes dans ses *Mythologies* avait fait du steak-frites un élément d'une mythologie nationale: «Comme le vin, le bifteck est, en France, élément de base, nationalisé plus encore que socialisé […], il participe à tous les rythmes, au confortable repas bourgeois et au casse-croûte bohème du célibataire. […] C'est le cœur de la viande, c'est la viande à l'état pur, et quiconque en prend, s'assimile la force taurine. […] Manger le bifteck saignant représente donc à la fois une nature et une morale. […] National, il suit la cote des valeurs patriotiques: il les renfloue en temps de guerre, il est la chair même du combattant français…» La viande est un marqueur identitaire. Elle est invoquée non pas seulement pour ses qualités gustatives ou son stock de protéines, elle véhicule des représentations identitaires.

Il y a trente ans, Carol Adams, une militante féministe et une activiste pour les droits des animaux publiait *The Sexual Politics of Meat*[3], reliant la consommation de viande aux notions de masculinité et de virilité dans le monde occidental. Faire de la viande un signifiant de l'identité masculine est devenu un enjeu des guerres culturelles en Europe et aux États-Unis. Sur son site Web, Carol Adams a recensé des hamburgers portant le nom de violeurs célèbres comme le «burger Harvey Weinstein» en Angleterre ou le «Bill Cosby» au Pakistan.

3. Carol J. Adams, *La Politique sexuelle de la viande*, traduction de Danièle Petitclerc, L'âge d'homme, 2016 [1990].

Théorie de la démarche

Balzac s'est intéressé aux rapports qui existent entre la démarche des monarques et leur style de gouvernement. Dans son bref essai *Théorie de la démarche*, il affirme que « l'habitude de la représentation vicie le corps des princes ; leur bassin se féminise. De là, le dandinement connu des Bourbons [...] qui adultère tout, même le mouvement[1] ! » Balzac propose une stylistique du commandement. Selon lui, les grands rois, Jules César, Charlemagne, Saint Louis, Henri IV, Napoléon ont tous été des hommes de mouvement.

Balzac s'émerveillait de la « prodigieuse éloquence de la démarche » : « Tout mouvement saccadé trahit un vice ou une mauvaise éducation. Croyez-vous que l'homme dont l'apparition calmait le peuple en fureur arrivait devant la sédition en sautillant ? »

1. Honoré de Balzac, *Théorie de la démarche*, Paris, Fayard / Mille et une nuits, 2015.

Que dirait-il de nos marcheurs politiques ? Celui-ci compense sa petite taille en brassant l'air avec ses bras, ce qui le fait ressembler à un rameur plutôt qu'à un marcheur. Tel autre soucieux de se donner une stature d'homme d'État s'avance pesamment, les épaules en cintre, le pas hésitant. Il rappelle un prélat, pas un prince. Un autre, ayant maigri trop vite, semble flotter dans ses habits trop grands, un coup de vent risque de l'emporter.

Lors de leur entrée en campagne, les candidats se succèdent sur nos écrans, d'un pas vif, comme des mannequins dans un défilé de mode dont la seule raison d'être semble d'apparaître un instant avant de retourner *backstage* changer de costume. Difficile de leur arracher un sourire, comme les mannequins professionnels, les candidats arborent des têtes d'enterrement en accord avec l'humeur des électeurs.

Il y a ceux qui se sont déjà déclarés ou sur le point de le faire, ceux qui ménagent le suspense, espérant faire monter le désir de leur personne, ceux qui étaient annoncés et qui ont renoncé, ou encore ceux qui, habités par une sorte de destin gaullien, se sont mis en marche tout seuls à la rencontre de leur peuple… Chacun voit le *kairos* à sa porte mais celui-ci n'est pas toujours au rendez-vous. Il faut être « en situation » selon l'expression consacrée et tout candidat se doit de se poser la question en se rasant le matin : « Suis-je en situation ? »

Il y a ceux qui sont arrivés trop tôt au risque de voir leur espoir se faner prématurément. Ceux qui sont arrivés trop tard pour revendiquer une place dans les sondages. Ceux enfin qui reviennent à chaque élection, le cuir endurci par les batailles électorales, et qui semblent être nés pour ça, faire campagne. Il y a ceux enfin qui, bien qu'arrivés à temps, n'ont pas réussi à entrer dans leur histoire, par une sorte de défaut d'identité narrative, les hypo-héros. Le *timing* était bon mais ils n'ont pas réussi à la saisir, comme un pompon passé trop vite dans un manège…

C'est une étrange passion qui anime les campagnes électorales, non plus le crédit qu'on accorde aux institutions démocratiques mais le manque de foi dans ces mêmes institutions.

Être crédible pour un candidat, c'est paradoxalement se montrer à la hauteur du discrédit général. On dirait qu'on a augmenté leur nombre pour l'ajuster au niveau du soupçon national. Ils ne seront jamais trop nombreux pour gérer toute cette honte. Ils sont justiciables du mécontentement général. Il y a longtemps qu'ils ne sont plus porteurs d'espoir. Ils sont chargés comme le Christ au Golgotha de tous les péchés du monde. Ils ne cherchent pas à attirer la confiance des électeurs mais doivent prendre sur leurs épaules la croix du discrédit. Ils ont le visage résolument fermé de ceux qui portent le soupçon qui a envahi le monde.

D'où leur démarche entravée. Ils se succèdent sur le *catwalk* médiatique comme des pénitents, des pèlerins du doute qui semblent mettre en pratique les conseils prodigués par les coachs des mannequins, ceux qu'on appelle les « professeurs de marche » : « baisser légèrement la tête tout en levant un peu les yeux pour obtenir "un regard qui tue" », « avoir l'air hautain et détaché du monde ordinaire ». « Quand je défile, confiait un mannequin slovaque, j'essaie de penser à quelque chose de triste, le moment où mon chat est mort, renversé par un bus. »

Chaque homme politique emprunte ses signes à son époque, ses moyens de communication et même de locomotion. Il y a les grands marins, les cavaliers, les aviateurs. Bonaparte, franchissant le col du Grand-Saint-Bernard, faisait corps avec son cheval. Lénine et Trotski se déplaçaient dans un train blindé. George W. Bush descendit d'un avion de chasse, un casque d'aviateur à la main pour annoncer la fin des opérations en Irak. Gambetta quitte Paris assiégé en ballon. Churchill s'enfonce pour toujours dans une limousine noire. Quant à de Gaulle, son buste élancé semble surgir d'une tourelle de char. Roosevelt sur son fauteuil roulant souligne l'héroïsme des temps de guerre. Kennedy descend les marches d'un avion de ligne à Dallas, une jeune femme souriante à ses côtés…

Donald Trump a enrichi cette tradition. Pour annoncer sa candidature à la présidence des États-Unis, il a choisi la voie d'un escalier mécanique. Les candidats sont souvent assaillis par les journalistes au moment de se déclarer. Mais Trump vint vers eux. Il descendit du ciel accréditant une sorte d'incarnation verticale ou d'atterrissage de super-héros. Mais le champion inégalé de la démarche reste sans conteste Barack Obama.

Personne jusque-là n'avait atteint à cette fluidité, à cette aisance de la démarche qui semble pouvoir surfer sur les tsunamis, épouser les cours erratiques de la Bourse, établir un pont entre les monnaies. Un Mozart de la démarche digne d'être acclamé. Balzac aurait apprécié la démarche chaloupée, swinguée, du président américain, toujours au bord d'exécuter un pas de danse. Il exprimait à la perfection la démarche néolibérale. Dans la tempête financière qui secouait le monde, elle claquait au vent comme l'étendard d'un monde flottant.

Mytholepsie présidentielle

Depuis la Libération, l'école républicaine a produit en série des générations d'esprits surchauffés par la littérature, qui passent leurs examens comme on gagne des batailles, confondent l'odeur de la craie et celle de la poudre et qui, du haut des estrades, croient s'élever au niveau de l'histoire universelle. À l'atelier théâtre du lycée, ils se chauffent la voix et le cœur en de grandes tirades et s'octroient des destins remarquables, des vies romanesques. Très vite, ils se prennent pour Julien Sorel, Lucien de Rubempré ou Frédéric Moreau. Madame Arnoux n'est jamais loin. Ils mûrissent sous son regard comme des prématurés en couveuse. Déficit d'expérience. Excès de littérature. Cela les conduit plus tard à envisager la carrière politique comme une discipline «paralittéraire», comme d'autres, ayant échoué en médecine, s'orientent vers des professions paramédicales…

Le monde politique français est peuplé de ces sosies: faux Rastignac se bousculant au portillon de la gloire, clones de Julien Sorel ayant dépassé la date de péremption de leur modèle. La plupart rangent leurs livres et passent aux choses sérieuses, la carrière, la famille. Et on n'en parle plus. Tous ne deviennent pas présidents de la République. C'est bien là le problème. Eût-il réussi à Normale Sup, Emmanuel Macron serait peut-être devenu écrivain ou diplomate. Recalé rue d'Ulm, il fit l'ENA et installa à l'Élysée un alliage trouble de romanesque et d'énarchie.

Dès sa déclaration de candidature, Emmanuel Macron a installé sa campagne dans un horizon mythologique, non pas seulement une campagne électorale mais l'apparition transpolitique d'une figure christique. Les bras ouverts, adoptant le ton d'un prédicateur, il n'a cessé d'inscrire sa candidature dans le registre du fabuleux et du légendaire. Aux journalistes qui l'interrogeaient sur son programme, il ne craignait pas d'affirmer : « C'est une erreur de penser que le programme est le cœur d'une campagne électorale… La politique, c'est mystique, c'est un style, c'est une magie. »

La scénographie de son apparition au soir de sa victoire en témoigne. Le nouveau président de la République est apparu seul, marchant d'un pas lent dans la nuit jusqu'à la pyramide du Louvre au son de l'*Ode à la joie*, l'hymne de l'Union européenne. Cour Napoléon pour l'histoire, pyramide du Louvre pour la modernité. La plus belle perspective de Paris comme horizon d'attente. Et pour évoquer ce « moment déterminant de l'histoire », le chœur des commentateurs a adopté spontanément le lexique de la révélation : paroles légendaires, homme providentiel, élection historique.

« Ovni politique », « Bonaparte », « Obama »… Les commentateurs ne savaient plus quelle métaphore filer pour tenter de cerner le phénomène Macron. L'un raconte son « coup de foudre immédiat », l'autre son impression d'avoir rencontré un personnage « entre Pierre Mendès France et Antonin Artaud » ! « Sa victoire, ce serait un événement presque poétique », estime-t-il. Un destin d'« homme d'État réconciliateur », de la trempe d'« Henri IV ou Bonaparte au moment du Directoire », ajoute un autre. À tous il apparaissait comme une sorte de magicien, capable de redonner du crédit à une souveraineté en lambeaux. La magie Macron est perçue alors par toute la classe politico-médiatique comme une tentative de resacraliser la fonction présidentielle, tout en la faisant basculer dans un autre univers que celui de la politique, l'univers managérial du néolibéralisme.

Depuis son élection, Emmanuel Macron a changé de personnage si souvent qu'on a du mal à s'y retrouver dans ses incarnations successives. Avec lui, la fonction présidentielle a acquis les caractéristiques d'une distribution théâtrale. À chaque représentation, le décor, les costumes, le scénario, les accessoires, l'éclairage changent. Il peut imiter Tom Cruise en uniforme de l'armée, jouer au tennis en fauteuil roulant, revêtir le maillot de l'OM ou un costume d'aviateur, emprunter le T-shirt de Zelensky ou jouer les sous-mariniers, les pompiers ou exhiber des biceps de boxeur… L'écrivain Jérôme Charyn a inventé un mot pour désigner ce « besoin pathologique de se mettre constamment en scène ». C'est le mot « mytholepsie », une sorte de dérèglement de la représentation de soi qui consiste à inventer sans cesse de nouvelles mises en scène, à changer d'angles et de discours, si bien qu'il devient impossible de distinguer le vrai du faux, le personnage et son modèle.

Emmanuel Macron est capable de jouer tous les rôles à la fois. Il est un atelier théâtre à lui tout seul. C'est un *président mytholepse*. Il aurait tort de se limiter aux deux « corps du roi » selon la métaphore d'Ernst Kantorowicz. Il en a des dizaines en réserve. Tout un musée Grévin de Macron présidents. Autour de lui, les costumiers s'agitent en tous sens, les accessoiristes jonglent avec les attributs, les scénaristes ne savent plus sur quelle version du script ils sont en train de travailler. Ses porte-parole s'embrouillent dans les différentes versions du verbe présidentiel. On en change. Les mots volent comme des copeaux sur la scène, les versions se succèdent. Le président accélère le tempo, bouscule le calendrier, les cent jours, l'acte II, la mi-mandat, l'entrée en campagne, le grand tournant, un nouveau rendez-vous… Le *turnover* des épisodes supplée l'incohérence du « narratif ». La versatilité du président déjoue l'immobilisme des institutions de la Ve République. Le *cliffhanger* est le secret éventé du macronisme.

Pour qui s'intéresse au *storytelling* politique, Emmanuel Macron est un cas d'école. Pour lui, le *storytelling* n'est pas seulement une technique de communication, c'est le cœur de son projet de transformation. Comme son prédécesseur Matteo Renzi dont le programme se résumait de son propre aveu à « changer le *storytelling* de l'Italie », Macron veut réécrire le roman national. Il est une sorte de narrateur au carré ;

storyteller de lui-même, il s'emploie à démultiplier le récit par sa propre histoire, en rehaussant sa biographie personnelle à la hauteur d'un mythe collectif. C'est la grande affaire de sa présidence, croiser le récit de sa conquête du pouvoir et la réécriture d'un récit national.

Dans l'entretien-fleuve qu'il a accordé au magazine *Zadig*, Emmanuel Macron a fait la preuve de ses nombreux talents. On connaissait le narrateur, le voici cartographe, historien, et même mythographe, s'essayant à décrypter à la façon d'un Barthes les mythologies françaises, tels la Nationale 7 ou le Tour de France (la légende « des exploits insensés, des victoires dans les Alpes, des contre-la-montre endiablés, des drames du mont Ventoux »).

De la ville d'Amiens où il est né jusqu'aux Hautes-Pyrénées de sa grand-mère, en passant par la Seine-Saint-Denis, « terre d'intégration », Macron dessine une géographie intime de la France, une France fantasmée, nourrie de souvenirs personnels, de légendes, de vignettes historiques qu'on dirait extraites de quelque guide touristique ou de ces cartes géographiques en 3 D qui décoraient les salles de classe et dont le président présente un exemplaire aux lecteurs de *Zadig*. « Lors de mes déplacements, je prends avec moi ces cartes de géographie en relief. Quand on prend ces cartes, établies suivant un procédé ancien, on comprend un territoire immédiatement. (Il montre la carte des Hautes-Pyrénées, autour d'Argelès-Gazost.) Ici, on voit surgir une immense montagne, mais cet exemple est peut-être trop évident. Maintenant, si on parle de la Haute-Saône ou du Territoire de Belfort (il en montre la carte), en considérant le relief, on comprend Belfort, Vesoul… Je suis attaché à tous ces territoires, à leur histoire et à leur géographie. »

Délesté de sa puissance d'agir par la crise mondiale des souverainetés étatiques, le président se doit d'être un homme-miroir, un prisme à travers lequel différentes histoires vont se reconnaître et se rencontrer. « Nous sommes un pays assez unique, confie-t-il au *Point*, citant Braudel et Valéry, un pays de calcaire, de schiste et d'argile, de catholiques, de protestants, de juifs et de musulmans ; un pays qui n'a pas vraiment d'équivalent en Europe par ses contrastes. » Comment les intégrer et les réconcilier ?

Le Prince que veut incarner ce Blair 2.0, c'est un président augmenté. Augmenté par quoi ? Par la littérature. Macron cherche à redonner une nouvelle légitimité à la politique par la littérature. « Nous avons besoin de développer une sorte d'héroïsme politique, affirmait-il dans un entretien au *Point* du 31 août 2017. Cela ne signifie pas que je veux jouer le héros. Mais nous avons besoin d'être prêts de nouveau à bâtir des grands récits. »

La littérature dans l'esprit d'Emmanuel Macron, c'est le grand livre des récits éclatés. Chacun y a sa place, le riche et le pauvre, le chômeur et le startuper, « ceux qui ont réussi et ceux qui ne sont rien ». Pour Macron, la littérature est le fil qui permet de tisser un consensus au service de la Grande Nation. Son but, c'est de réconcilier les récits français, le Puy du Fou et la Commune de Paris, Jeanne d'Arc et le FLN. Incapable de penser ni même d'apercevoir la conflictualité, il a de l'histoire une vision illustrée, une collection de vignettes qu'il s'agit d'assembler. Un « conseiller mémoire » a été recruté à cette fin, un grand chambellan des commémorations historiques, chargé de réactiver l'orgueil national en cultivant la mémoire de ses héros. Puis un éphémère *storyteller* fut chargé d'écrire la *legacy* de la présidence mais il s'en vint comme il était venu sans qu'on sache quelle était sa propre *legacy*. Peut-être cette phrase grandiloquente qu'on entendit Macron prononcer à la fin de ses vœux aux Français lorsqu'il évoqua sans citer sa source « l'indéfinissable splendeur de ceux qui sont destinés aux grandes entreprises ». Le mot est de Flaubert, mais le capitaine de Gaulle l'avait recopié en 1919 dans ses carnets dont on sait qu'Emmanuel Macron est un lecteur assidu. Qu'avait bien voulu dire Flaubert qui ne goûtait guère les envolées lyriques par cette « splendeur indéfinissable » ?

Si l'on devait résumer la quête macronienne, on pourrait la qualifier d'entreprise mythographique. Ce président se veut alchimiste, il procède à un croisement problématique entre des essences hétérogènes. C'est une forme de triangulation qu'il cherche à opérer, non pas seulement la triangulation politique des Blair ou des Renzi, mais plus encore une triangulation symbolique qui consiste à recharger la vie « sans style » de la démocratie du style sans vie de la monarchie. À fusionner la vie sans démocratie des oligarchies et le *demos* de la Révolution. À réchauffer la vie mutilée, privée de héros et de passion, au soleil de l'héroïsme et de la ferveur populaire des stades et des audiences TV. Marx définissait le petit-bourgeois comme un homme partagé entre le capital et le travail. Macron, lui, veut réconcilier le roman et la finance, le rêve et la rente. Il enrôle le lyrisme au service de l'oligarchie. Le roman national au service de la mondialisation néolibérale. Voilà le sens du *rebranding* de la fonction présidentielle opéré par Macron. Du père de la Nation à l'enfant-roi. Du monarque au performeur. De l'État stratège à la start-up agile. De la fonction à la fiction présidentielle.

Le président chez Netflix

Barack Obama a le sens du *timing*. La bande-annonce a été diffusée quelques jours avant le 1er mai 2018. On y voit des travailleurs américains de différents secteurs d'activité, hôtellerie, soins à domicile, technologies, mais surtout, on y entend dès les premiers plans la voix de Barack Obama, posée, précise, pédagogique, avant qu'il n'apparaisse lui-même à l'écran, figure lisse et charismatique, incarnation même de la bonté et de l'empathie.

Intitulée *Working: What We Do All Day* («Travailler: voilà ce que nous faisons tous les jours»), la série diffusée par Netflix a été produite par Concordia Studio et Higher Ground, une société de production fondée par le couple Obama en 2018. Inspirée par le livre *Working* de la grande figure de la gauche américaine Studs Terkel (1912-2008), elle se veut une vaste enquête sur ce continent méconnu qu'est le travail, ses différentes facettes et ses mutations; elle interroge le rapport des Américains au travail. «Qu'est-ce qui arrivera s'ils vous remplacent par des machines ? » se demande la voix off de l'ex-président.

L'ancien président se veut moins économiste ou sociologue que narrateur, *storyteller*, une ambition qu'il a souvent réaffirmée depuis la fin de son mandat à la Maison-Blanche. C'est la grande affaire de sa postprésidence, raconter, une ambition répétée en toutes occasions. Les histoires nous permettent de mieux nous comprendre, de nous connecter les uns aux autres et de mieux faire face aux dangers qui menacent la planète. C'est le credo du *storyteller*. Le pouvoir des histoires a pris le relais de l'action politique chez l'ex-président. Faute de pouvoir changer le monde, *produisons*-le ! Créons de bonnes histoires, en quoi l'on puisse croire, des séries « *we can believe in* ».

Jusque-là, les anciens présidents des États-Unis se contentaient d'écrire leurs mémoires, de se dédier à leur « bibliothèque présidentielle » ou à une fondation à leur nom. Certains, comme Jimmy Carter, ont consacré leur seconde vie à la résolution pacifique des conflits internationaux, à l'observation de la tenue des élections dans le monde entier, à la défense des droits humains, etc. Il fut récompensé par un prix Nobel de la paix, en 2002. Barack Obama, lui, ne fait rien comme ses prédécesseurs. Libéré des charges de la présidence et laissant la Maison-Blanche à son plus farouche ennemi, le voilà qui commence une carrière de producteur de séries télévisées.

Obama a quitté la Maison-Blanche, devenue pendant huit ans le décor d'une série télévisée, scénarisée dans ses moindres détails et dans sa mise en récit dont le couple présidentiel était le héros. Mais désormais, leurs mémoires publiés et devenus des best-sellers mondiaux, le couple présidentiel a décidé de se consacrer à une mission d'intérêt général : réconcilier les Américains avec leur histoire. Après deux mandats à la Maison-Blanche, les Obama se sont convaincus que le seul vrai pouvoir est celui de mettre en récit le monde.

Ronald Reagan était un ancien acteur des studios hollywoodiens devenu président. Obama est le premier ex-président qui devient producteur. Au printemps 2018, son épouse Michelle annonçait que le couple avait passé un accord avec Netflix pour produire films, séries et documentaires destinés à la plateforme. Netflix ne donnait pas de précision sur les projets de l'ancien couple présidentiel. Ce recrutement d'un ex-locataire de la Maison-Blanche par Netflix se suffisait à lui-même. C'était un événement en soi qui signalait un changement d'époque : retournement de la hiérarchie entre la sphère politique et celle des médias, mais aussi décentrement du pouvoir médiatique de la télévision et du cinéma vers les plateformes en ligne.

Au cours d'une conférence à Las Vegas le 26 mai 2018 à l'occasion de la signature de l'accord avec Netflix, Barack Obama avait déclaré : « Je n'aurais jamais été président si je n'avais appris très tôt dans ma carrière l'importance des histoires. [...] Chacun d'entre nous a une histoire qui est sacrée... Nous sommes tous humains et pourtant, actuellement, nous avons des récits concurrents. Je continue de croire que si nous écoutons les histoires des uns et des autres et que nous nous reconnaissons les uns les autres, alors notre démocratie fonctionnera. »

Ce transfert inédit du monde politique à celui des plateformes en *streaming* est l'aboutissement d'un long processus qui a vu le cheval de Troie de la communication pénétrer l'univers du politique, s'inviter dans la conquête et l'exercice du pouvoir, y jouer un rôle de plus en plus important, imposant sa raison à la raison d'État, la surdéterminant, la corrodant, jusqu'à se substituer à elle : la communication est devenue sa raison d'être. C'est l'histoire de la « République du *spin* », pour reprendre le titre d'un livre de David Greenberg qui raconte comment les *pundits* (experts en communication) et autres *spin doctors* ont pris le contrôle de la politique américaine et ont fait des émules dans tous les autres pays. Le point de chute de l'homme politique, ou plutôt le point de fuite de la politique, c'est désormais la sphère médiatique.

Le fondateur de Fox News, Roger Ailes, décédé en 2017, fut l'un des *spin doctors* de Richard Nixon, de Ronald Reagan et de George H. W. Bush avant de conseiller Donald Trump. Il avait l'habitude de dire que si on veut faire carrière à la télévision, il faut d'abord être candidat à la présidence. Des propos qui mettent en évidence le renversement radical de la hiérarchie des pouvoirs qui a fini par s'opérer entre politique et médias. Donald Trump acquiesçait à la conception de Roger Ailes. Il lui avait fait un aveu avant d'être finalement élu en novembre 2016 : il allait sortir de cette campagne, même battu, « avec une marque Trump plus puissante encore et riche de nombreuses opportunités»… parmi lesquelles un futur réseau de chaînes de télévision !

Steve Bannon, l'ex-stratège de la campagne de Trump, devenu conseiller spécial du nouveau président, a très vite quitté la Maison-Blanche. En avril 2018, il confiait à *Paris Match* dans une bravade significative: «Je ne suis pas un conseiller dans l'âme, mais un *street fighter*[1]. […] Pour moi, la Maison-Blanche c'était juste un lieu de travail très militaire. […] C'est un honneur d'y avoir passé sept mois, mais cet endroit ne me manque pas du tout. J'ai plus de pouvoir à l'extérieur de la Maison-Blanche qu'à l'intérieur.»

Le pouvoir n'est plus là où on le croit. Le Potus (*President of the United States*) n'est plus ce qu'il était. Au mois de juin 2018, Bill Clinton a publié un roman coécrit avec l'auteur de polars James Patterson – un livre qui fera l'objet d'une adaptation dans une série télévisée. Son titre est éloquent: *The President Is Missing*. Le président a disparu.

La boucle du *storytelling* est bouclée: la politique s'abolit dans sa mise en récit, comme pur simulacre, révélant son impuissance face aux grands enjeux économiques, sociaux, écologiques. Mais le pouvoir des histoires rebondit déjà ailleurs. Débranché du pouvoir politique, libéré de ses usages stratégiques institutionnels, il est investi des pouvoirs quasi magiques que la politique a perdus. Loin de se réduire à une simple technique de communication aux mains des *spin*

1. Un combattant de rue.

doctors, il apparaît désormais comme le seul véritable pouvoir, un pouvoir en soi, une puissance qui s'est affranchie de la politique après en avoir été le serviteur.

> « Face aux problèmes posés par la mondialisation et les migrations, déclarait Obama en 2018, il existe deux façons de réagir. Soit nous régressons vers le tribalisme, la pureté ethnique. Soit nous établissons des institutions basées sur le droit et la dignité qui est due à chaque personne. Et en ce moment, il y a un *clash* entre ces deux façons de voir le monde. Je mets mon argent sur la deuxième réponse. »

Barack Obama au fond n'aura fait qu'un seul métier. De l'auteur du livre *Les Rêves de mon père* au candidat à la présidence des États-Unis, du président au producteur, c'est le narrateur animé par sa « foi en la puissance du récit » qui poursuit sa route, une route qui conduit au-delà du politique. *Last exit to Los Gatos.*

3.
Meutes

« Et maintenant ce sont les révoltés qui règnent… On va sûrement les entendre tous les jours, ils se feront de plus en plus bruyants parce qu'ils n'obtiennent pas ce que nous leur avons promis. Ils se révoltent contre nous depuis tant d'années, ces désillusionnés, et ça a fini par porter ses fruits, un désenchantement car ils ont tous été dupés. »

Elfriede Jelinek, *Sur la voie royale* (écrit la nuit de l'élection de Donald Trump).

Les Gilets jaunes : les fantassins du discrédit

En 2006, le philosophe Jean Baudrillard avait qualifié d'« événements voyous » (*rogue events*) ces événements atypiques qu'il voyait se multiplier depuis le vote Le Pen du 21 avril 2002, la victoire du « non » au référendum sur le traité constitutionnel de l'Union européenne en 2005 ou les émeutes des banlieues la même année. « À l'image des "États voyous", qui se soustraient à l'ordre mondial et à son emprise hégémonique, les "événements voyous" font irruption sur une scène politique complètement désinvestie et disqualifiée[1]. »

Les « événements voyous » selon le philosophe ne s'inscrivaient pas dans la continuité des événements historiques. « Ils traduisent, au-delà du politique, une réaction, une abréaction bien plus profonde, à un ordre du monde devenu

1. Jean Baudrillard, « Place aux événements voyous », *Libération*, 14 avril 2006.

insupportable. À ce stade, peu importent finalement les acteurs [...], ce qui importe, c'est que de tels événements voyous mettent fin pour un temps à la succession des événements farce, des événements fantômes (*fake events, ghost events*), élections, corruption, révolution numérique, etc. qui remplissent notre actualité au fil des jours et des années. »

On peut voir dans le mouvement des Gilets jaunes un de ces « événements voyous » qui procèdent de quelque chose qui n'est pas immédiatement reconnaissable en termes politiques ou sociologiques. Ils s'affirment moins par des revendications précises que par une puissance de dénégation, un refus de toute médiation politique, de tout compromis. Le Gilet jaune brouille le jeu médiatique. Sa force, il la tient de son caractère inexplicable, indéchiffrable. Événement récalcitrant, hors norme, il perturbe les routines politico-médiatiques. Son efficacité tient à sa puissance de dérèglement des discours dominants.

Le mouvement a suscité une foule d'analyses et de commentaires contradictoires. On fit appel aux sondeurs et aux éditorialistes afin d'éclairer un phénomène qui échappait aux règles du jeu syndical. On convoqua les historiens sur les plateaux télé pour tenter de lui trouver un précédent dans l'histoire. Il fallait d'urgence épingler cet événement sans visage et sans nom sur le tableau des émeutes et des révolutions. On invoqua d'abord les jacqueries, puis la révolution de 1789 ou celle de 1793, les émeutes de 1848 ou la Commune de Paris.

On crut voir dans le Gilet jaune tour à tour le sans-culotte de 1789, un Gavroche aux tempes grises, un revenant de Mai 68, une version française des *Indignados* de la Puerta del Sol… Mais le mouvement ne se conformait pas à ces analogies, il n'appartenait pas au passé mais au futur. On s'efforça alors de lui trouver une place sur « l'échiquier politique ». Mais le Gilet jaune ne rentrait pas non plus dans les cases des partis. Il rebondissait de l'extrême droite au populisme de gauche, ne rejetant aucun soutien, il allait son chemin.

Non content de brouiller les cartes politiques, le phénomène mutait de semaine en semaine. Sur les ronds-points, les discussions allaient bon train, se souciant comme d'une guigne des commentaires suscités dans les médias. On disait le mouvement souverainiste, il était souverain. Ne ralliait ni n'excluait personne. Voilà qu'il attirait à lui les cheminots, les lycéens, les retraités. Bientôt la CGT appela à la grève partout.

Sur le tableau noir des médias, la baguette des cartographes tâtonnait à la recherche de ses points d'ancrage. À la place des vieux motifs représentant les sites industriels qui avaient disparu, une nuée de points jaunes se répandit sur l'Hexagone. Le Gilet jaune, reflet inversé de la désindustrialisation. Chacun y trouvait confirmation de ses analyses sociologiques. Le pullulement de points jaunes sur la carte recoupait les frontières du « périurbain », nouveau concept fourre-tout qui n'éclairait rien du tout. La multiplicité des barrages routiers qui se multipliaient comme autant de *checkpoints* révélait l'image d'une

France morcelée par les inégalités. On faisait grand cas d'une diagonale du vide départageant le pays comme une faille sismique qui désignait non pas le rapprochement de plaques tectoniques dans le sous-sol mais l'éloignement en surface de tout service public. La fracture sociale s'était approfondie faute d'être traitée. Elle avait changé de nature, de sociale elle était devenue culturelle. Les sociologues invoquaient dans leur jargon « des indicateurs de dignité et de mépris, de ghettoïsation et d'éloignement social, d'appréhension des peurs et des fantasmes ».

On dépêcha les reporters de presse sur les ronds-points. Autour des braseros se rencontraient hommes et femmes, jeunes et vieux, toutes CSP confondues, usagers de la voiture individuelle, rebelles à toute géolocalisation, tout étonnés d'être dehors, libérés des écrans de télévision, prêts à en découdre avec les gendarmes.

Certains en appelaient à prendre l'Élysée, pendant que d'autres, plus pragmatiques, s'organisaient en prévision des fêtes de fin d'année pour approvisionner les carrefours en nourriture et en palettes de bois. Le Gilet jaune focalisait les projections les plus diverses, des vieux rêves de rénovation nationale aux espoirs de révolution citoyenne. Il rhabillait toutes sortes de revendications, des plus prosaïques, liées à la vie chère, aux plus lyriques, qui aspiraient aux vieilles lunes de la démocratie directe, via le référendum d'initiative citoyenne, voire à l'autogestion généralisée.

Le Gilet jaune scintillait de toutes les colères, il devint le flambeau de toutes les frustrations. À la lumière des braseros, on scrutait le Gilet jaune sous toutes les coutures, vérifiant sa provenance, son origine contrôlée (l'étiquette *made in France*), palpant sous le gilet la chair du mouvement, ses origines sociales et géographiques, sa composition de classe. Peine perdue, le gilet se dérobait aux classements. On entreprit de faire le tri entre les gilets progressistes et les gilets populistes, les bons gilets des campagnes et les mauvais gilets radicalisés qui brûlaient tout sur leur passage. Aux premiers on donna des cahiers de doléance à remplir, aux seconds on envoya la BAC pour les disperser.

Des centaines d'histoires couraient sur les réseaux sociaux. Des histoires vraies et des racontars, des témoignages exemplaires de solidarité et des théories fumeuses qui attisaient la haine et le soupçon. Une rumeur relayée sur les pages Facebook des Gilets jaunes affirmait qu'Emmanuel Macron en signant le pacte de Marrakech, le 10 décembre, allait vendre la France à l'ONU et favoriser une immigration massive. On parlait de 900 000 immigrés de plus par an.

À Marseille, une vieille dame qui fermait ses volets reçut en pleine tête une grenade lacrymogène et décéda le lendemain à l'hôpital de la Conception. On ne comptait plus les visages défigurés et les amputations. Sur Twitter, les signalements se multipliaient. Et puis il y eut ces images de lycéens à genoux les mains sur la tête, devenues en quelques jours le symbole des violences policières.

Entre deux charges de CRS, un rappeur tournait un clip dans les fumées des gaz. Un prêtre en prière sur le pavé arborait un gilet jaune par-dessus sa soutane. On vit des Gilets jaunes déposer des fleurs aux pieds des CRS. Rue de Rivoli, des manifestants se renvoyaient un ballon de volley au-dessus d'une rangée de CRS jouant le rôle de filet. Un policier s'était pris au jeu, réalisant à la surprise générale « une aile de pigeon ».

Il y avait cette vidéo qui fit le tour du Web d'une femme, « morte de rire », filmant son mari qui essayait de bloquer tout seul un rond-point. L'histoire de Tristan, 30 ans, éleveur de brebis dans la Drôme, en émut plus d'un. Seul sur le toit de l'Arc de Triomphe, il contemplait Paris illuminé par les incendies et les éclairages de Noël. Ce dangereux émeutier s'était retrouvé sur la place de l'Étoile noyée de gaz lacrymogène et il était monté sur le toit juste pour respirer un peu. Dans son sang, on trouvera des traces de cocaïne et de cannabis.

Un gamin de 19 ans venu d'Angers avait, lui, tenu à « manifester pour le peuple et pour ses parents ». À la magistrate qui l'interrogeait, il avait avoué avoir jeté un pétard sur les CRS « pour les disperser ! ». La magistrate, amusée, lui avait répondu : « Vous êtes un peu prétentieux. » Trois amis de Bondy, âgés de 21 et 22 ans, expliquaient ainsi leur présence sur les Champs : « Rien à voir avec la manif, j'allais m'acheter des chaussures chez Louboutin. »

La chroniqueuse de mode du *New York Times* mêla sa voix au débat franco-français : « Le gilet jaune fluorescent qui est devenu synonyme du tollé français face au prix de l'essence finira dans un musée comme l'un des vêtements de protestation les plus efficaces de l'histoire. » Et d'ajouter : « Il n'y a pas eu de symbole de révolte vestimentaire aussi convaincant depuis que les sans-culottes se sont saisis de leur pantalon pour marquer la différence visuelle avec l'aristocratie pendant la Révolution française. » Elle rappelait que la mode était friande des signes de contestation dont elle neutralisait la charge subversive en les intégrant à ses collections, des cuirs et bérets de 1968 adoptés par Dior aux crânes et aux épingles de sûreté des punks britanniques récupérés par Alexander McQueen et Versace jusqu'à l'*heroin chic* de Kate Moss et le *dirty realism* qui fit les beaux jours et les unes de *Vogue* et du *Harper's Bazaar* dans les années 1990. « Il est impossible de prendre un vêtement au sérieux comme un cri de rage ou de désespoir une fois qu'il a atteint le podium de la haute couture[2]. »

Comme les occupants des places au cours des révolutions arabes ou lors du mouvement des *Indignados* et d'Occupy Wall Street, l'action des Gilets jaunes adoptait une dimension théâtrale : sans parler de sa dramaturgie en « actes » hebdomadaires, elle mettait en scène l'occupation de l'espace public. Mais, à la différence de ses prédécesseurs, cette occupation se faisait sous le signe de la mobilité. Génie signalétique du gilet jaune. À coups de Stabilo sur le plan de Paris, les Gilets jaunes traçaient leur route de jour comme de nuit. Il s'agissait moins d'occuper des places et d'en conserver le contrôle que d'afficher une souveraine liberté de mouvement. Guerre de mouvement plutôt que guerre de tranchées, trouée dans

2. Vanessa Friedman, « The Power of the Yellow Vest », *The New York Times*, 4 décembre 2018.

l'espace et lignes de fuite au lieu des barricades de jadis. Armés de leur smartphone, les Gilets jaunes inventèrent la première jacquerie géolocalisée. Nés de la révolte contre la hausse du carburant, ils empruntaient ses signes à la circulation routière. Leur héros, ce n'était pas Robin des bois mais Bison futé.

D'un bout à l'autre du pays, les Gilets jaunes prenaient le contrôle de la circulation, ils régulaient des flux, filtraient le trafic. Ils inventaient une politique déroutante, une révolution buissonnière, désaxée. Ils prenaient le contrôle de la société de contrôle que Deleuze métaphorisait par la circulation autoroutière alliant la fluidité des circulations à la stabilité d'un système clos. Un pied de nez au totem néolibéral de la mobilité. Mais le mouvement ne contournait pas seulement les barrages policiers, il déplaçait les bornes du débat public, contournait les grands médias par les réseaux sociaux, dessinant une signalétique nouvelle dans le paysage médiatique.

L'analyse de la composition sociologique du mouvement tentée par certains dans le brouillard des événements en disait moins sur la nature de ce mouvement que ses formes d'organisation, sa syntaxe, sa scénographie (des carrefours et des échangeurs), sa dramaturgie en « actes », sa vitesse de propagation… Il relevait moins de la convergence des luttes que d'une sorte d'épiphanie à l'envers, déroutante, qui n'apportait pas la connaissance mais le déni. Il avait pour effet non pas d'éclairer les médias sur le sens de leur action mais de les désorienter. Peut-être fallait-il prendre la mesure de cette opacité, de cette illisibilité. Non pas seulement comme une insuffisance, une lacune, un manque d'information ou un retard de l'information sur l'événement, mais comme le seul véritable événement.

Le mouvement des Gilets jaunes relevait de l'allergie plutôt que du viral, il métabolisait le discrédit général. Il ne se propageait pas seulement d'écran à écran mais constituait une réaction de tout le corps social à l'intoxication de l'idéologie néolibérale. Sans représentants attitrés ni agenda caché, ces fantassins du discrédit ne cherchaient pas à négocier avec les autorités, ils spéculaient sur son discrédit. Comme une agence de notation sociale, ils abaissaient chaque samedi de manifestation la note du pouvoir, jetant le doute sur sa crédibilité.

La crise financière de 2008 avait porté un coup fatal au grand récit néolibéral sur lequel reposaient tous les discours des gouvernants. C'est ce monopole du récit dominant que dénonçaient les Gilets jaunes. Non pour lui opposer un autre discours mais pour ruiner la compétence narrative du pouvoir en place. D'un côté, un ordre narratif qui jetait son filet sur les expériences vécues et, de l'autre, une puissance qui cherchait à lui échapper, déniant sa rhétorique, son agenda, ses mots d'ordre, une contre-puissance obscure, celle d'un monde social qui résiste aveuglément au néolibéralisme et à sa mise en récit. La révolte des Gilets jaunes a mis en lumière le discrédit qui frappe tous les récits officiels. Tout ce qui a été refoulé depuis trente ans par le récit néolibéral a resurgi sous une forme chaotique, sauvage.

Génie de la casserole. Éloge du feu de poubelle

À l'occasion des manifestations contre la réforme des retraites en 2023, nous avons assisté à un événement d'importance : l'accès de la casserole au statut d'objet mythique. Brandie par les manifestants sur le parcours des ministres et du président, la casserole s'est déployée partout en un joyeux charivari. Bruyante mais non verbale, elle se contentait de sonner à son propre rythme et selon son propre agenda.

Le Gilet jaune traçait un sillage fluorescent à travers le paysage urbain, la casserole dressait un parcours sonore. Elle s'est répandue comme une traînée de poudre dans les rues et sur les réseaux sociaux. Devenue un hashtag populaire, elle inventait une nouvelle signalétique pour les déplacements officiels. Plus besoin de journal officiel ou d'annonces dans les journaux locaux, la casserole signalait la présence à l'heure près du moindre ministre ou d'un simple secrétaire d'État. À chaque passage du président, une cohorte d'ustensiles se formait, non pas pour dialoguer mais pour refuser le dialogue. Elle rameutait une foule en colère et dressait contre la rhétorique assourdissante du pouvoir un mur du son, la fanfare d'un refus obstiné. Elle ne commettait aucune dégradation, ni destruction d'abribus ni bris de vitrines, quoi de plus innocent qu'une casserole ?

« Les manifestants ne cherchent pas à parler mais à faire du bruit », a déploré Emmanuel Macron en Alsace dans une de ces vaines tautologies dont il a le secret. Puis il a renvoyé les casseroles dans les cuisines, leur déniant le droit de manifester : « Les œufs et les casseroles, c'est pour faire la cuisine chez moi. » Face à la casserole carnavalesque, le président se raidissait dans sa fonction, monarchique, et affichait son mépris de classe. En la renvoyant à ses fonctions de simple instrument de cuisine, le président confondait la casserole réelle et la casserole symbolique. Il commettait une erreur de catégorie. Ignorait-il le rôle que les casseroles ont joué dans l'histoire des peuples, aux mains des républicains lors de la monarchie de Juillet, ou sous le nom de *caceroladas* en Amérique latine contre les politiques néolibérales ? Avait-il oublié que la révolution des casseroles en Islande avait fait tomber le gouvernement en 2009 ? Une fois de plus, ce président si soucieux de réconcilier les mémoires faisait preuve de son amnésie sociale et surtout de son incapacité à saisir les enjeux symboliques d'une action collective.

L'innocente casserole est bien plus dangereuse qu'un cocktail Molotov. Elle est dans toutes les cuisines prêtes à se mobiliser. Aisément transportable, elle est une arme de dissuasion qui s'insinue partout comme une sorte de dissolvant de la parole publique. Elle couvre la parole présidentielle sous ses percussions, ses roulements de tambours. Elle l'attire vers le bas. Le peuple des casseroles incarne une sorte de front sonore du refus, refus de la réforme bien sûr mais aussi plus généralement refus des discours du pouvoir.

Comment faire taire ces maudites casseroles ? La police encerclait les fanfares, gazait les moindres rassemblements spontanés de cuillères en bois ou de louches en inox. Un tel acharnement contre des poêles et des marmites ne pouvait que raviver tout un imaginaire du pouvoir grotesque. Comme dans les chansons populaires, la maréchaussée se ridiculisait. Elle procédait à des réquisitions… dans les paniers des ménagères. Des préfets prenaient des arrêtés ubuesques contre les « dispositifs sonores amplificateurs de son », une nouvelle terminologie employée pour ne pas avoir à réquisitionner toutes les casseroles de France. Peine perdue, le vacarme redoublait, relayé par les applications pour smartphones telles que « iCacerolazo » et « Cassolada 2.0 » qui relataient heure par heure les exploits des casseroles…

Batterie de cuisine contre batterie de gendarmerie, l'affrontement prenait des airs de guerre picrocholine. La France se réduisait aux dimensions d'un village de Clochemerle diligenté par un Jupiter grimé en roi de carnaval.

Dans les médias, on ne parlait que d'elles. La casserole muette était devenue un sujet de conversation. Les grands journaux en France et à l'étranger retraçaient la longue histoire des casseroles depuis le charivari moyenâgeux, jusqu'aux années 1830, où elle fit entendre la voix des républicains contre le régime de Louis-Philippe. On rappelait que ce produit *made in France* avait connu au XXe et au XXIe siècle de grands succès à l'exportation, passant de la main droite des partisans de l'Algérie française ou des manifestants anti-Allende au Chili en 1973 à celle de gauche des opposants aux politiques du FMI en Argentine, en 2008 et en 2012. En Amérique latine, les *cacerolazos* de masse appartenaient désormais aux mobilisations antigouvernementales et inspiraient à leur tour les manifestations au Québec, en Espagne, au Liban.

La bonne vieille casserole se globalisait. Elle épousait la mondialisation des politiques néolibérales dont elle était devenue un puissant écho dans le monde. Les peuples ne choisissent pas les moyens et les formes de leur lutte. Ils les créent en s'inspirant les uns les autres. Le retour en France des casseroles n'a donc rien d'étonnant au moment où le gouvernement Macron franchit un pas de plus dans l'application du programme néolibéral et prétend l'imposer avec les méthodes des régimes illibéraux. Effet boomerang garanti.

La crise financière de 2008 a porté un coup fatal au crédit de la parole publique. Le débat sur la réforme des retraites n'a fait qu'aggraver ce discrédit. Ce que dénoncent les opposants à cette réforme va désormais au-delà du report de l'âge légal à 64 ans. C'est le monopole du discours dominant, sa rhétorique, ses médias aux ordres, ses procédures de forçage parlementaires, ses verrous constitutionnels qui ont été démasqués, délégitimés. « Des années qu'on nous joue du pipeau, s'écrie cette militante pro-casserole lors du passage d'Emmanuel Macron à Vendôme, à nous de répondre par des sifflets, des casseroles ou des flûtes à bec[1] ! »

D'un côté la crécelle néolibérale qui assourdit et ensorcelle, de l'autre les casserolades populaires, une contre-puissance obscure, celle d'un monde social qui résiste aveuglément au néolibéralisme et à sa mise en récit. La révolte des casseroles a mis en lumière le discrédit qui frappe tous les récits officiels.

À l'instar du mouvement des Gilets jaunes, ces nouvelles formes de mobilisation sociale et d'action collective expriment une réaction qui n'est plus seulement politique, économique ou sociale, mais « symbolique ». Si les casserolades sont intolérables au pouvoir, c'est parce qu'elles lui renvoient une image en miroir de son propre vide.

C'est une affaire qui dépasse le simple maintien de l'ordre. Car il s'agit d'un autre ordre, symbolique celui-là. Si la vieille rhétorique de « la prise » de la Bastille ou du Palais d'hiver, voire de l'Élysée, continue à exciter les médias, elle est déjà dépassée par les nouvelles formes de protestation qui visent moins à prendre le pouvoir qu'à déjouer son emprise.

Avec les Gilets jaunes et les concerts de casseroles, les feux de poubelle sont devenus des éléments incontournables de la dramaturgie de l'émeute. Il brûle, il brûle, le feu de poubelle ;

1. Léna Coulon, « À Vendôme, Emmanuel Macron fait du sans contact », *Libération*, 25 avril 2023.

il court sur les pas des manifestants. Sautant d'un quartier à l'autre, jouant à saute-mouton sur les montagnes d'immondices accumulées par la grève des éboueurs, il se propage tel un incendie, rassemblé en feu de joie sur les places ou éparpillé en brindilles sur l'asphalte des rues. Impossible de prévoir son apparition, ni de le contenir lorsqu'il apparaît à la nuit tombée, il déjoue les tactiques d'encerclement policier, la course-poursuite des médias et parfois même les rendez-vous fixés par les manifestants sur Telegram ou sur Signal. Il est passé par ici, il repassera par là, présence fantomatique, indéchiffrable, comme des feux d'Indiens. Il a même éclipsé les manifestants, devenus invisibles, simples comparses d'un spectacle pyrotechnique, silhouettes glissant le long des murs à la nuit tombée, des ombres qu'on ne sait plus comment nommer. *Black blocs* en civil ? Casseurs qui ne cassent rien ? Comment lutter contre un ennemi sans visage et sans nom ? Sur les plateaux des chaînes d'info, on disserte sur le profil des manifestants. Un syndicaliste policier : « Ce sont des étudiants qui font socio, psycho, des artistes, des intermittents du spectacle, des fils à papa. » Pendant que d'autres font mine de s'interroger sur l'absence de leurs boucs émissaires favoris, « les casseurs venus de banlieue ».

Les envoyés spéciaux qui errent dans les rues micro en main à la recherche des émeutiers insaisissables se mettent en scène sur fond de poubelles enflammées. Les émissions spéciales qui se prolongent désormais tard dans la nuit jusqu'à l'extinction complète des feux affichent en fond d'écran les images en boucle des feux de poubelle comme certains affichent un faux feu de cheminée sur leur téléviseur afin de réchauffer l'ambiance des fêtes de fin d'année. Elles réchauffent l'ambiance des soirs d'émeutes. Parfois les envoyés spéciaux vont même jusqu'à filmer le même feu de poubelle sous deux angles différents, qu'on affiche en simultané sur un écran coupé en deux. Car personne n'est dupe. Le feu de poubelle est photogénique. Il capte l'attention. Le passage d'un camion de pompiers au milieu de la foule soulève les acclamations des manifestants. Pourtant manifestants et pompiers n'appartiennent pas au même camp. Les uns allument les feux. Les autres les éteignent. Mais cette opposition fonctionnelle n'empêche pas que s'exprime une certaine solidarité entre eux, comme des acteurs sur le tournage d'un film qui participent à une même scène.

Les policiers de la Brav-M font ce qu'ils peuvent dans la scénographie de l'émeute, comme des figurants, recrutés par la production. Ils courent en tous sens, tout essoufflés. Ne savent que faire, où aller. Le sens des événements leur échappe. Ils ont besoin de cibles bien identifiées, d'images cadrées, de théâtres d'opérations fixes pour leur guerre de tranchées... Mais l'émeute ne se laisse pas cadrer. Elle déborde des écrans, elle prend des formes inattendues, surprend. Contemporaine du GPS, elle va son chemin, sans se laisser guider ni encadrer par des organisations ou les consignes de la police. Au nassage policier, l'émeute répond par la dispersion. Au cadrage médiatique, par la mobilité et le flou. Hier, c'était le Gilet jaune qui dessinait sa trajectoire fluorescente dans les rues de Paris. C'est aujourd'hui le feu de poubelle qui trace sa route dans les esprits.

Né de la révolte contre la hausse du carburant, le Gilet jaune empruntait ses signes à la circulation routière. Le feu de poubelle s'élève des montagnes d'ordures en tous genres, il se nourrit des déchets de la société d'hyperconsommation.

Deux milliards de tonnes de déchets solides sont produits chaque année dans le monde (3,4 milliards en 2050 selon la Banque mondiale) dont 16 % seulement sont recyclés et 33 % entreposés dans des décharges à ciel ouvert. 30 % des déchets municipaux proviennent des pays à revenus élevés qui, après avoir monopolisé la richesse, accaparent si l'on peut dire, ses déchets. Le sociologue Baptiste Monsaingeon propose le terme « poubellocène » pour décrire cette nouvelle ère du déchet[2].

Les sociétés capitalistes qui s'annonçaient selon Marx comme une immense accumulation de marchandises se présentent désormais jusque sous nos fenêtres comme une immense accumulation de déchets. Le feu de poubelle est le révélateur de cette société productrice de déchets. Il ravit au pavé son rôle éminent dans les protestations. Il a supplanté les bris de vitrines d'agences bancaires ou les pillages de magasins de luxe. Il est à la fois un signe et une arme, un combustible disponible sur place, à volonté, et l'accessoire d'une dramaturgie collective. Il met au premier plan de l'attention médiatique la poubelle comme le nez au milieu de la figure de cette société

2. Baptiste Monsaingeon, *Homo detritus. Critique de la société du déchet*, Seuil, 2017.

cannibale qui dévore les corps, les attentions et pille les ressources naturelles comme « les ressources humaines ».

« Ça ne saurait durer », se rassurent les commentateurs sur les plateaux télé. Les provisions vont s'épuiser. Des réquisitions d'éboueurs sont annoncées. Mais c'est ne rien comprendre à ce qui se joue dans ces événements. C'est toujours ainsi que les signes se manifestent. Ils ne s'imposent pas. Ils clignotent, ils sont provisoires, intermittents. Ils essaiment dans l'esprit des gens selon des lois obscures qui président à leur insurrection. Insurrection des signes flottants dans une société du discrédit. « Le feu est dans les esprits, et non dans les maisons », écrivait déjà Dostoïevski dans *Les Possédés*. On peut éteindre les incendies dans les rues ; pas dans les esprits.

L'affront fait aux tournesols

Depuis que le gouvernement britannique a décidé d'attribuer en 2023 des nouvelles licences d'exploration et de forage d'hydrocarbures en mer du Nord, revenant ainsi sur ses engagements climatiques, les actes de désobéissance civile se multiplient en Grande-Bretagne. À l'avant-garde de la mobilisation, une ONG britannique, Just Stop Oil, milite pour l'arrêt immédiat de tout nouveau projet pétrolier.

Depuis octobre 2022, ses militants multiplient les actions contre la politique du gouvernement britannique. Ils bloquent le trafic automobile ou prennent pour cible des infrastructures pétrolières. Une centaine de manifestants ont été arrêtés le 31 octobre 2022 pour avoir entravé la circulation près de Downing Street. D'autres ont interrompu la circulation sur Park Lane pendant que l'un d'entre eux badigeonnait la vitrine d'une concession d'automobiles de luxe de la marque Aston Martin. Mais leur cible ne se limite pas à l'industrie automobile ou à la filière des hydrocarbures. En mars 2023, ils ont interrompu un match de football, l'un d'entre eux s'étant lié par le cou aux bois du gardien de but.

Comme tout acteur public, ce que visent les manifestants écologistes, c'est l'attention, la plus rare des ressources dans un monde pavé d'écrans et inondé d'images. Capter l'attention, détourner le flux des images d'actualité. Leurs moyens d'action sont non-violents et consistent le plus souvent à se coller à divers supports en utilisant de la glue pour retarder une évacuation par la police qui les priverait du temps d'exposition nécessaire à leur médiatisation.

Depuis le mois de juillet 2022, ils ont déplacé leur champ d'action dans les musées. Le tableau *La Charrette de foin* de l'Anglais John Constable a fait les frais des performeurs de Just Stop Oil. Autre cible: *La Cène* de Léonard de Vinci à la Royal Academy of Art visée par deux activistes qui se sont collés à son cadre. Enfin c'est le chef-d'œuvre de Van Gogh *Les Tournesols* qui a subi l'assaut des écologistes à coups de jus de tomate.

Dans une vidéo diffusée sur le Web, deux performeuses âgées d'une vingtaine d'années, vêtues d'un T-shirt blanc et orné du logo de leur organisation «JUST STOP OIL», brandissent des boîtes de conserve de la marque Heinz, puis en aspergent le contenu sur le tableau de Van Gogh avant de s'enduire les mains de glue et de s'immobiliser à genoux, main collée au mur. On apprit par la suite qu'une vitre protégeait *Les Tournesols* et que l'œuvre n'avait pas été endommagée.

Si la performance pouvait évoquer par la projection de substances liquides l'*action painting* de Jackson Pollock, ou une réminiscence des sérigraphies de boîtes de conserve Campbell d'Andy Warhol, ce n'était apparemment pas la préoccupation des deux jeunes filles dont le manifeste, proclamé aux pieds des tournesols flétris, exprimait des préoccupations plus prosaïques. « À cause des prix du gaz qui flambent, des millions de familles britanniques ne vont pas pouvoir se permettre de faire chauffer une brique de soupe cet hiver. Seule la résistance civile peut nous permettre de sortir de cette crise – il est temps de se lever et de défendre ce qui est juste. Qu'est-ce qui a le plus de valeur, l'art ou la vie ? » Sur la page Facebook de l'organisation, un post se voulait menaçant : « Continuez à nous donner du pétrole et du gaz et nous continuerons à vous donner de la soupe. »

L'agression contre *Les Tournesols* de Van Gogh, scénarisée dans ses moindres détails, s'attaquait au dernier refuge du sacré dans nos sociétés, l'art. Qui pouvait en vouloir à des innocents tournesols ? En quoi Van Gogh méritait-il une telle offense posthume ? Plus rien n'est donc sacré ? Si l'on en croit Alex De Koning, porte-parole du mouvement Just Stop Oil, ce tableau de Van Gogh n'avait pas été choisi au hasard, et pas seulement pour sa capacité à faire du buzz, mais pour ce qu'il *représente*. Mais qu'est-ce qu'il représente ? Risquons une explication.

Les Tournesols de Van Gogh, l'une des images les plus célèbres du XXe siècle, sont devenus une sorte de cliché visuel à force d'être reproduits dans les magazines ou sur toutes sortes de supports comme les boîtes à biscuits ou les torchons. Ce n'était donc pas l'œuvre d'art en soi qui était visée, mais sa reproduction, un cliché visuel connu de tous, célébré partout, une figure fameuse, vouée à la célébration collective, un des derniers refuges de la foi et du sacré.

Avant même que les motivations des deux performeuses ne soient connues et que la polémique s'installe entre partisans (plutôt à gauche) et opposants (plutôt à droite) de la performance des écologistes, l'image des tournesols dégoulinants de jus de tomate a suscité une onde de choc sur les réseaux sociaux où se mêlaient la surprise, la stupeur et la réprobation.

Taguer la vitrine d'un concessionnaire auto, fût-ce celui d'Aston Martin, ne surprenait plus personne. Provoquer un embouteillage dans les rues ou organiser un *sit-in* à un carrefour ne pouvait qu'indisposer quelques automobilistes. Et même l'attaque d'un terminal pétrolier, assez sensationnel à sa façon, appartenait à l'idée qu'on se fait d'une action écologique telle que Greenpeace nous y a habitués. Tout cela est usé. Si l'on veut frapper l'opinion, provoquer sur le Web des chaînes de commentaires scandalisés, il faut que la manifestation provoque un effet de sidération, qu'elle soit impossible à justifier moralement. En vous attaquant à Van Gogh, vous êtes sûr de provoquer une vague d'indignation. Et c'est précisément cette indignation qui fait spectacle.

L'attaque contre *Les Tournesols* allait au-delà d'une banale action de protestation contre les hydrocarbures, elle prenait le sens d'une opération de profanation. Qui pouvait en vouloir à Van Gogh ? N'était-il pas l'image même de l'innocence de l'art ? La figure tourmentée et sacrificielle de la foi en l'Art, la dernière religion profane, saint Vincent ? En jetant le discrédit sur le tableau de Van Gogh, l'ONG était assurée de provoquer l'indignation générale et la reprise de leur action dans les médias du monde entier. Comment compromettre l'innocence des *Tournesols* (emblème du parti des écologistes français EELV), sinon en lui opposant une innocence supérieure, l'innocence de la planète, l'innocence de la jeune fille ?

En 2022, des militants de Just Stop Oil avaient déjà visé le musée Mauritshuis de La Haye, où ils s'étaient collés à la vitre de *La Jeune Fille à la perle*, de Vermeer. Dans les deux cas, les toiles étaient protégées par des vitres et n'avaient pas subi de dégâts réels. L'affront visait deux images d'innocence absolue, la nature vierge, la jeune fille. Le 6 novembre 2022, deux militants, âgés de 20 et 22 ans, se sont introduits à la National Gallery et ont attaqué au marteau la vitre de protection de la *Vénus au miroir* de Diego Velazquez. Le tableau qui date du milieu du XVIIe siècle est considéré comme l'unique nu restant du peintre espagnol. En 1914, il avait été lacéré au hachoir par la militante féministe Mary Richardson. Elle protestait alors contre l'emprisonnement d'une autre militante pour le droit de vote des femmes au Royaume-Uni. S'inspirant de la suffragette canadienne, les militants ont déclaré après leur action : « Les femmes n'ont pas eu le droit de vote par les urnes. L'heure n'est plus aux paroles mais aux actes. » Là encore, l'action des écologistes prenait la forme d'une surenchère dans l'innocence. Elle se justifiait au nom d'une valeur et d'une légitimité qui étaient supérieures à l'œuvre d'art profanée.

« Nous n'essayons pas de nous faire des amis ici, a déclaré au *Guardian* le porte-parole de Just Stop Oil après que la salle de la National Gallery eut été vidée, nous essayons de faire changer les choses, et malheureusement c'est ainsi que le changement se produit. »

Est-ce si sûr ? « Les attaques de Just Stop Oil contre l'art risquent de devenir un cliché » titrait *The Guardian* qui soulignait le risque de voir ces manifestations provoquer plus d'attention que d'action. Car il y a un angle mort dans cette *realpolitik* à l'ère des réseaux sociaux. Ce type de performance médiatique reproduit les mêmes mécanismes de dévoration que les écologistes dénoncent quand il s'agit des ressources naturelles. Ils produisent des pics d'attention qui se succèdent et se dévorent entre eux. Puis ils sont vite absorbés par l'actualité et tombent dans l'oubli. Ces buzz abusent de notre attention et participent d'une société de prédation économique, industrielle, culturelle, sexuelle qui dévore les attentions mais aussi les esprits, les désirs et les imaginaires. Toutes ces formes de dévoration fusionnent sous nos yeux dans un univers social où la manipulation des pulsions a pris la place de l'échange des idées et des expériences.

« Ces manifestations sont géniales, commente Margaret Klein Salamon, directrice exécutive du Climate Emergency Fund. Les gens viennent dans les musées pour regarder des peintures, mais nous avons besoin qu'ils regardent plutôt la réalité de l'urgence climatique. »

Don't look art en somme !

Le stade « Joker » de l'émeute

« Vous avez tous vu ce que j'ai vu, a déclaré Joe Biden après l'occupation du Capitole le 6 janvier 2021 par des émeutiers, les scènes de chaos au Capitole ne reflètent pas la véritable Amérique, ne représentent pas qui nous sommes. »

Avons-nous vu la même chose que Joe Biden dans les images de l'occupation du Capitole par des groupes d'émeutiers pro-Trump ? Rien n'est moins sûr. Car ces images sidérantes, images délirantes où le burlesque croisait le tragique représentaient bien une certaine Amérique à laquelle le nouveau président élu va très vite se confronter. Si elles se sont répandues aussi vite sur les réseaux sociaux, ce n'est pas parce qu'elles ne ressemblaient pas à l'Amérique mais bien au contraire parce qu'elles en révélaient la face cachée.

Ces images portaient atteinte non seulement à la loi et aux usages démocratiques, elles profanaient un certain ordre symbolique, l'image que l'Amérique a d'elle-même, un imaginaire démocratique sans cesse retravaillé. Elles en profanaient les rites et les habitus dans une scène de carnaval endiablé mené par des clowns aux déguisements d'animaux. Et l'impact de ces images était tout aussi destructeur qu'une tentative avortée de coup d'État, il jetait le discrédit sur des institutions et des procédures séculaires, celles qui président à la transition démocratique, qui légitiment le crédit des élections, les processus de vérification et de recomptage, la certification du candidat élu.

Pendant sa campagne, Trump s'était adressé, via Twitter et Facebook, a cette partie de la société qui avait fait sécession et il avait réussi en quatre ans à fédérer ces mécontentements dispersés en une masse survoltée. Trump avait orchestré leur ressentiment, réveillé les vieux démons sexistes et xénophobes, donné un visage et une voix, une visibilité, à une Amérique déclassée tout autant par la démographie et la sociologie que par la crise économique. Il avait libéré une puissance sauvage et indistincte qui se donnait libre cours. Et il l'avait fait à sa manière, cynique et caricaturale. Il s'était jeté sur ces foules envahies par le désir de revanche, et il les avait excitées, les poussant à l'émeute.

Les démocrates n'ont guère su opposer à chaque provocation de Trump que leur indignation morale, ce qui est toujours un signe d'aveuglement face à un phénomène politique nouveau. Ils peuvent bien rouvrir les yeux maintenant, le phénomène Trump n'a pas disparu, il bénéficie du soutien de la frange la plus mobilisée de ses électeurs qui, loin d'être découragés par ses outrances verbales et ses appels à la violence, y reconnaissent leur propre colère.

Pour Trump, il ne s'agit plus de gouverner à l'intérieur du cadre démocratique, selon ses lois, ses normes, ses rituels, mais de spéculer à la baisse sur son discrédit. Son pari paradoxal consiste à asseoir la crédibilité de son « discours » sur le discrédit du « système », à spéculer à la baisse sur le discrédit général et à en aggraver les effets. Depuis son élection, Trump n'a pas cessé d'être en campagne. Son agenda n'est qu'une suite de provocations et de chocs sous la forme de décrets, de déclarations ou de simples tweets : *muslim ban*, défense des suprémacistes blancs après les événements de Charlottesville, guerre des tweets avec la Corée du Nord, tentative de criminaliser le mouvement de protestation qui a surgi après le meurtre de l'Afro-Américain George Floyd…

Ce sont les conservateurs anti-Trump qui parlent le mieux de Trump. Selon George Will, un éditorialiste néoconservateur, les provocations du président depuis son élection, amplifiées par « les technologies modernes de communication », ont « encouragé une escalade dans le débat public d'une telle violence que le seuil du passage à l'acte s'est trouvé rabaissé chez des individus aussi dérangés que lui ». Donald Trump « donne le ton à la société américaine qui est malheureusement une cire molle sur laquelle les présidents laissent leurs marques ». Et Will de conclure : « Ce roi Lear de bas étage a prouvé que l'expression "bouffon maléfique" n'est pas un oxymore. »

« Bouffon maléfique » : en associant ces deux termes, l'éditorialiste conservateur mettait en évidence le caractère clivé du pouvoir de Trump sur lequel la critique de ses opposants a constamment achoppé. Depuis quatre ans, la réaction des démocrates et des principaux médias aux États-Unis est celle d'une incompréhension des mécanismes de ce nouveau pouvoir. Ce qu'ils n'ont pas compris, c'est la centralité de ce personnage extravagant, la modernité et la résonance de son message dans la société et dans l'histoire de l'Amérique. Son omniprésence sur Twitter est celle d'un roi de carnaval qui s'arroge le droit de tout dire et de jeter le discrédit sur toutes les formes de pouvoir.

Loin de se présidentialiser une fois élu, comme on s'y attendait, il a ridiculisé la fonction présidentielle par ses foucades, ses sautes d'humeur, ses postures ubuesques. Il ne s'est pas présidentialisé, il a dé-présidentialisé la fonction. Au terme de son mandat, il a lancé ses supporters à l'assaut du Capitole, promettant même de les accompagner. Un président insurrectionnel, c'était du jamais vu ! Mais est-ce si surprenant ?

Frances Fox Piven et Deepak Bhargava écrivaient au mois d'août 2020 dans un article de *The Intercept* : « Nous devons nous préparer maintenant à répondre, psychologiquement et stratégiquement, à quelque chose qui s'apparente à un coup d'État. Ce sont des scénarios sombres mais plausibles, et nous ferions mieux de les affronter plutôt que de les éviter. »

En écho à la phrase tant de fois citée de Marx, selon laquelle les événements historiques se répètent deux fois, la première fois en tragédie, la deuxième fois en farce, on vit dans les émeutes de Brasilia le 8 janvier 2023 une répétition de l'invasion du Capitole survenue deux ans et deux jours plus tôt, à cette différence près que la première fois avait les traits d'une farce et la seconde ceux d'une farce aussi.

Le ministre de la Justice Flavio Dino le reconnut le lendemain en affirmant que son pays avait vécu « un Capitole brésilien ». Les émeutes de la place des Trois Pouvoirs à Brasilia avaient ceci de commun avec celles du Capitole qu'elles visaient moins à prendre le pouvoir – comme dans les coups d'État militaires classiques ou les révolutions – qu'à le discréditer. Même foule en colère. Même mode opératoire. Même violence burlesque contre la représentation démocratique. Elles en profanaient les rites et les habitus dans une scène de carnaval endiablé, burlesque, mené par des clowns aux déguisements d'animaux.

La farce est la forme esthétique du discrédit ; comme le carnaval, elle met en scène l'inversion du haut et du bas, du bien et du mal, du sérieux et du grossier, du noble et du vulgaire. Et l'impact des images était tout aussi destructeur qu'un coup d'État militaire. Elles jetaient le discrédit sur les institutions et les procédures qui président à la transition démocratique et légitiment les élections, les processus de vérification et de recomptage, la certification du candidat élu.

Elle avait pourtant bien commencé, cette transition entre un Bolsonaro qui avait préféré s'éclipser à Orlando aux États-Unis et un Lula réélu après être passé par la case prison, fantôme politique qu'on avait un peu trop vite enterré. Passage de témoin entre un absent et un revenant, éclipse entre la disparition de l'un et la réapparition de l'autre. Faute de la recevoir des mains de Bolsonaro, l'écharpe présidentielle avait été remise à Lula par Aline Souza, une employée noire de 33 ans, « au nom du peuple brésilien ».

Le nouveau chef de l'État avait monté la rampe du palais de Planalto, avec à son bras le chef indigène Raoni Metuktire, botoque aux lèvres et portant sa coiffe solaire, incarnation légendaire de la lutte pour l'Amazonie. L'accompagnaient également huit représentants du peuple brésilien, comme autant de symboles de sa diversité. Tout autour, au sein d'une foule métissée, se pressaient hommes, femmes et enfants, de tous les âges, de toutes les conditions et de toutes les minorités ethniques et sexuelles. Une révolution au palais présidentiel, qui n'avait vu défiler sous le règne de Bolsonaro qu'un aréopage de mâles blancs imbus de préjugés à l'encontre des communautés noires et indigènes.

Et voilà que déferlaient sur les écrans plusieurs milliers de militants bolsonaristes surexcités, acheminés par autocar, progressant en cortèges encadrés par des policiers et se déversant sur la place des Trois Pouvoirs avant d'envahir les bâtiments officiels, brisant les vitres et détruisant tout sur leur passage. L'hémicycle du Congrès servit d'exutoire à la colère de la foule hérissée de drapeaux du Brésil, qui chantait à tue-tête l'hymne national et se livrait à des exactions puériles, glissant sur les toboggans des tribunes et allant jusqu'à déféquer sur les bureaux des députés.

Tout au long de la soirée du 8 janvier, les chaînes d'info en continu qui retransmettaient en boucle ces images diffusées par les réseaux sociaux se faisaient l'écho des mêmes questions. Était-ce un *putsch* ? Une explosion de rage ? Une tentative de coup d'État ? « Non, Sire, c'est un coup de théâtre. » Qu'allait faire l'armée ? Les émeutiers avaient-ils prémédité leur coup ? En attendant, les quelques effectifs de police présents sur les lieux restaient les bras croisés ou prenaient des selfies aux côtés des manifestants, alimentant les pires scénarios de complicité au sein même de l'appareil d'État. On faisait des images pour les télés du monde. C'était toujours ça de pris.

Les organisateurs des émeutes du Capitole et du Planalto s'appuyaient sur le peuple du soupçon. Ils surfaient sur le discrédit des populations à l'égard de la parole et du personnel politique. Ils excitaient le mécontentement, le sentiment d'être volé. « *Stop the steal* » était le slogan des émeutiers trumpistes, « Nous voulons le code source » l'exigence affichée des pro-Bolsonaro.

Dans le Brasilia de janvier 2023 comme dans le Washington de janvier 2021, on s'attendait depuis des mois à ce que des troubles surviennent au lendemain des élections – peut-être même des émeutes. Il n'avait pas manqué de Cassandre de gauche pour alerter sur les dangers d'un chaos postélectoral voire d'un coup d'État fomenté par les supporters de Bolsonaro, ce dernier n'ayant pas reconnu sa défaite. Mais les événements avaient pris un autre cours que celui des coups d'État militaires traditionnels – un cours trumpiste si l'on peut dire. Car le diable du discrédit ne s'habille pas toujours de la même façon. Il faut apprendre à le reconnaître sous ses nombreux habits.

4.
Confinement

« Séjour où des corps vont cherchant chacun son dépeupleur.
Assez vaste pour permettre de chercher en vain.
Assez restreint pour que toute fuite soit vaine. »

Samuel Beckett, *Le Dépeupleur.*

La télé-réalité ou le laboratoire de la vie confinée

Qui aurait pu penser que les émissions de télé-réalité (*Big Brother*, *Loft Story*) deviendraient la métaphore et le laboratoire de la vie confinée pendant la pandémie de Covid-19. Sous l'égide d'un producteur unique basé aux Pays-Bas, Endemol, la télé-réalité s'est installée partout dans le monde. Ces programmes ont atteint des chiffres d'audience inégalés en appliquant partout le même mode opératoire : l'exposition permanente d'une dizaine de jeunes gens des deux sexes qui acceptent par contrat de se laisser filmer nuit et jour, enfermés pendant plusieurs semaines dans un appartement.

Fondé sur l'analyse d'une soixantaine de chaînes en Allemagne, en Australie, en Espagne, en France, en Italie, aux Pays-Bas, au Royaume-Uni et aux États-Unis, le rapport « News on the air » (NOTA), qui recense et étudie les nouvelles émissions de télévision dans le monde entier, révélait que deux tiers des programmes lancés au cours de la saison 2003 aux États-Unis étaient des émissions de télé-réalité.

Les thématiques diffèrent d'un pays à l'autre. En Grande-Bretagne, des enfants et leur mère vivent avec un père différent (*Wife Swap* sur Channel 4) ; en Australie, des vedettes partent en stage de survie (*I'm a Celebrity... Get Me Out of Here)* ; aux États-Unis, vingt-cinq hommes sont soumis à la sélection d'une jeune femme (*The Bachelorette* sur ABC). Neuf Espagnols traversent le pays en bus. Dix Polonais vivent en huis clos à Varsovie. Des Allemands suivent une cure d'amaigrissement... *Big Brother* en Grande-Bretagne, *Gran Fratello* en Italie, et en France *Loft Story*, tous obéissaient au même pilote : il ne s'agissait plus seulement de donner à la vie réelle la forme d'un récit ou d'une anecdote, mais de faire fusionner l'expérience réelle et la fiction en plongeant des êtres réels dans une expérience, artificielle, à la fois improvisée et scénarisée, mi-jouée et mi-vécue.

Ces programmes ont rencontré le même succès en Afrique (*Big Brother Africa*, retransmis par satellites dans 49 pays du continent, était suivi par 25 millions de spectateurs) en Amérique latine, en Asie et même dans les États d'Arabie où ils ont suscité de violentes manifestations des fondamentalistes musulmans. Un millier de personnes, en majorité des islamistes, ont manifesté à Manama contre la diffusion depuis Bahreïn de la version arabe controversée de *Big Brother*. Les protestataires ont porté des banderoles sur lesquelles il était écrit « Arrêtez le programme *Big Brother* » et « Nous désapprouvons *Big Brother* ».

En France, *Loft Story* fut au cœur d'une tempête médiatique opposant « loft-storystes » et « anti-loft-storystes », comme jadis dreyfusards et antidreyfusards. On critiqua la vulgarité des contenus, le dispositif voyeuriste de l'émission, l'instrumentalisation des acteurs en cobayes… Mais ces critiques avaient le défaut de simplifier à l'excès leur objet.

La télé-réalité bouleverse toutes les dispositions du contrat fictionnel. C'est une révolution de l'écriture narrative rendue possible par les nouvelles techniques du direct et du câble, exactement comme l'invention de l'imprimerie rendit possible il y a quatre siècles le succès du roman populaire.

Les studios de télé-réalité fonctionnent comme de véritables machines d'écriture. La régie située au-dessus du studio comprend vingt-cinq scripteurs qui se relaient jour et nuit. Les « lofteurs » sont fichés comme dans les bases de données de la police, avec un profil psychologique pour chacun d'eux. La production essaie de prévoir à quel type de situation elle va avoir à faire face, comment elle peut faire avancer l'histoire. À chaque épisode du jour, une intrigue principale sert de fil conducteur – à laquelle s'ajouteront deux intrigues secondaires.

Comme dans toute *story*, l'intrigue principale est développée en quatre phases : exposition du sujet, développement, rebondissement et conclusion (cette dernière phase n'apparaissant qu'après la publicité bien sûr). En fonction de la vie du Loft (et donc des scénaristes en coulisses), un lofteur peut être le personnage principal de l'émission un soir, puis devenir personnage secondaire le lendemain : c'est la technique classique employée par les auteurs de sitcom.

Dans la présentation des chapitres de *Loft Story*, les citations littéraires ou cinématographiques abondent : « Nocturne indien », « Une journée particulière », « Si loin si proche... » Le scénario est un *remake* de *La Dispute* de Marivaux, et le titre des épisodes quotidiens emprunte le ton picaresque des aventures de don Quichotte, « Où l'on voit que Loana et Jean-Édouard... », etc. Pourtant, la télé-réalité opère un double saut par rapport au récit de fiction : de l'imparfait de la narration au présent du direct, et du personnage de fiction à la personne réelle.

Le débat qu'a provoqué *Loft Story*, centré autour de la critique de la « télé-poubelle », a surtout mis en avant des reproches d'inspiration morale. Il témoignait de la méconnaissance que la société a d'elle-même. *De te fabula narratur.* De toi, cette histoire parle.

Loft Story s'annonçait d'emblée comme un récit de fiction. La première fiction réelle, selon ses producteurs qui ajoutaient cette précision à la Jules Verne : en direct 24 heures sur 24 pendant soixante-dix jours. Mais qu'est-ce qu'une « fiction réelle » ? Qu'est-il aboli dans cette suppression de la distance entre la réalité et la fiction ? Que veut-on signifier en affirmant que l'expérience nous est toujours donnée, qu'elle peut être appréhendée sans médiation, ni représentation, ni symbolisation ?

Que signifie ce discours contradictoire sur la fiction, dans lequel le recours et le retour à la fiction (attestés par les références, les dispositifs fictionnels, les titres des épisodes et les formes de narration) sont contredits par une idéologie anti-mimétique qui affirme contre toute fiction la vérité de l'expérience immédiate, l'authenticité du vécu et le primat du tout-visible sur la représentation ? Que reste-t-il de l'expérience réelle dans l'univers clos du Loft où il n'y a ni jour ni nuit, ni réel ni rêve, alors que s'étire indéfiniment la quête donquichottesque des lofteurs – s'illustrer, être connu… ?

Leur surexposition allait de pair avec la destruction de toute expérience possible. Ces pauvres héros médiatiques vivaient non pas une aventure extraordinaire comme on voulait les en persuader (« J'en parlerai à mes enfants plus tard », disait l'un d'eux) mais au contraire une déréalisation, une dépressurisation de l'expérience.

De jour en jour, ce qui se joue dans les studios de la téléréalité, ce n'est pas une intensification des sentiments et des émotions mais au contraire une forme de privation sensorielle – le Loft fonctionne sous vide.

Enfermés dans un protocole qui n'a rien d'une « fiction réelle » et tout d'une authentique manipulation, nos héros sont soumis aux dures lois de l'exhibition de soi qui a pour contrepartie l'impossibilité d'élaborer, de construire, d'articuler, de symboliser ses propres représentations. Lorsqu'un poisson s'ennuie, seul dans son aquarium, il suffit dit-on de mettre un miroir devant lui pour qu'il retrouve sa gaieté…

L'abondance des peluches et des biberons, a priori surprenante dans une émission pour jeunes adultes, ou la fréquence des crises de larmes l'atteste : « l'expérience » en cours au sein du Loft, c'est celle d'une régression. L'un des jeunes gens dont la vie quotidienne dans le studio fut « perturbée » par l'intrusion d'un réel non scénarisé (la mort de son grand-père) refusa de quitter les lieux en se justifiant ainsi : « Je veux rester à l'intérieur. Si je sors, ce sera par la grande porte, je veux la foule ! »

Un fœtus ne saurait mieux dire !

« Quand il est entré dans le Loft, confirme la mère d'un autre, j'ai eu l'impression d'être à nouveau enceinte. Tout le temps où il était là-bas a été pour moi comme une période de grossesse. Et quand il est sorti, de manière triomphale, j'ai eu l'impression d'accoucher une deuxième fois. » Les femmes et hommes-enfants de la télé-réalité acceptent de se couper du réel et de s'enfermer en studio pour se livrer à une expérience « fabuleuse » de régression…

Évidemment, l'opération a un sens et celui-ci est lourd : se néantiser, effacer en soi l'humain. Cette auto-amputation est sans doute le sacrifice ultime qu'exige de chacun notre société. Cela est devenu évident vingt ans après : sacrifiez votre expérience et vous obtiendrez un surcroît d'apparence. L'image contre la vie. C'est le nouveau contrat social dont le Loft a été à la fois la métaphore et le laboratoire.

Don Quichotte lui aussi voulait s'« illustrer », être connu dans l'univers déréalisé des romans de chevalerie, mais par le détour d'une « réelle fiction », il se heurtait au Réel et découvrait sa bévue. Mais dans le Loft, pas de réel où se cogner. Les murs sont des miroirs. Et l'on n'a affaire qu'à des images.

« Ce n'est qu'un jeu », se défendait la production. Et dans un jeu, il suffit de respecter les règles : être ouvert, sympa, sensible, authentique, homme-enfant ou femme protectrice et participer aux activités collectives. Et surtout se conformer à la règle absolue : donner une bonne image de soi. À l'un des garçons, sa copine, bonne fille, conseillait : « Si tu dois partir, je compte sur toi pour donner une bonne image de toi. »

Dans cet « internat cathodique », les aventures en chambre de nos héros se donnent à lire comme une lutte pour la survie (médiatique). Il faut à tout prix rester une semaine de plus. Mais surtout « rester soi-même ». C'est le leitmotiv du Loft. Surtout ne pas changer ! Religion de l'authenticité. Phobie du devenir. Civisme de la transparence. Voilà l'idéologie des producteurs du Loft. À leur décharge, reconnaissons qu'ils ne font qu'exprimer l'expression idéale, l'idéal-type de cette société.

L'expérience n'a plus lieu d'être. L'intime : voilà le nouvel eldorado du capital. Tout être est devenu un objet d'infinie curiosité dans l'exacte proportion où la vie ne vaut plus la peine d'être vécue. Désormais, l'exposition prendra le pas sur l'expérience, l'exhibition sur l'existence, le regard sur le vécu. Ce n'est plus seulement le travail qui sera socialisé mais toute la vie privée. Le loft remplace l'usine. Le modelage de l'intime succède à la production à la chaîne. À l'exploitation de l'homme par l'homme succède l'exposition de l'homme par l'homme.

La pauvreté en expérience dans les sociétés où règne le mode de production capitaliste, diagnostiquée par Walter Benjamin comme le symptôme du profond mutisme de son époque, s'annonce aujourd'hui comme une immense accumulation d'anecdotes. Jamais sans doute dans l'histoire la demande et la consommation de récits de fiction n'ont semblé aussi grandes. *Telenovelas*, séries, *reality shows*, expériences de survie, robinsonnades…

Comme la fabrique de la révolution industrielle installait la transparence au cœur du processus de travail en mettant chacun sous le regard de l'autre, sous le contrôle de l'autre, via le dispositif panoptique et le chronomètre, la télé-réalité réalise la même opération au cœur du non-travail. Panoptique de l'intimité. Contrôle du temps biologique. Les héros de la télé-réalité (acteurs et spectateurs) illustrent « cette réaction du besoin de représentation sur le sentiment de l'impuissance à vivre » bien connue des cliniciens et qui est pour Ludwig Klages la définition même de l'hystérie : « Quand on ne peut pas expérimenter des formes sans cesse nouvelles de subjectivation, que vous est retiré le droit à la variation, on se représente soi-même en train de les vivre. On crie, on gesticule, on se crispe sur son fauteuil, à défaut de pouvoir se laisser envahir par le sentiment approprié aux circonstances[1]. »

« Quand, à une humanité effectivement dépossédée de son expérience, écrivait Agamben, on prétend imposer,

1. Ludwig Klages, *Les Principes de la caractérologie*, Alcan,1930.

comme aux rats prisonniers du labyrinthe, une expérience manipulée et directive, autrement dit quand il n'y a d'expérience possible que dans l'horreur ou le mensonge, alors le refus de l'expérience peut constituer – provisoirement – une défense légitime[2]. »

Le spectateur de la télé-réalité n'est pas dans la situation d'un lecteur de roman qui accepte de croire à un récit de fiction sous certaines conditions de vraisemblance. Il est placé dans la position d'un témoin oculaire qui entre par effraction dans une intimité paradoxale, une intimité exhibée, surexposée. La suppression de la frontière entre sphère privée et sphère publique est constitutive d'un espace nouveau d'expérimentation, et porteuse d'un nouveau sujet, qui pour la première fois n'a plus de repli possible dans l'intimité.

La télé redouble l'atelier, l'audimat le chronomètre, la classe ouvrière s'est dissoute dans la masse passive, subjuguée. Franz Kafka a donné de ces nouveaux sujets assujettis une définition quasi phénoménologique du Loft à venir : « Un prisonnier qui a l'intention de s'évader [...] mais projette en même temps de transformer la prison en château de plaisance à son propre usage[3]. » Mais a-t-il encore l'intention de s'évader ?

L'exploitation capitaliste a brisé les chaînes qui maintenaient la classe ouvrière enfermée dans les usines. Elle ne se

2. Giorgio Agamben, *Enfance et Histoire*, Payot, 2001.
3. Franz Kafka, *Lettre au père*, traduction de Marthe Robert, Gallimard « Folio », 2002.

concentre plus seulement sur la journée de travail mais se déploie dans la vie tout entière. Un idéal de vie nouveau apparaît : la survie télévisée. Toutes les valeurs et les savoirs transmis par l'expérience – le travail, le sexe, l'éducation – sont confisqués et appropriés par le système médiatico-marchand. Il n'y a plus que des modèles d'identification fournis par la télé-réalité ; des modes de vie interchangeables et échangeables. Entre les murs-miroirs des studios de la télé-réalité, la vie s'écoule, domestiquée.

Le système du surtravail, avec ses cheminées d'usines, ses gueules noires et ses maladies professionnelles, a cédé la place au monde enchanté de la télé-réalité ; démocratie souriante et persuasive, qui impose à longueur d'année ses valeurs de compétition et sa religion du tout-est-là.

Le sujet de l'expérience n'est plus qu'un objet d'étonnement ; il est encore là. Hébété. Manipulable à loisir. Devenu le lofteur, il est réduit à ses fonctions élémentaires, un homme composé de besoins marchands, un locataire, un pensionnaire, une poignée d'atomes et de crochets. Des sensations. C'est peut-être là la cause de ce sentiment d'insécurité propre au citoyen et qui préoccupe tant les journalistes et les hommes politiques. Le sujet moderne se sent menacé. Mais il ne l'est pas là où on le croit : par l'insécurité, l'immigration, la crise écologique. Il est menacé de disparition.

Ce n'est pas tant la position tant critiquée du téléspectateur-voyeur qui est significative dans la relation créée par la télé-réalité que celle du témoin oculaire, du juge, du confident et même du confesseur. Omniscient comme le narrateur de jadis, il jouit d'un droit de regard exclusif et sans limites sur autrui et même d'un droit de vote : le droit de prendre parti, de choisir et d'exclure, chaque semaine, l'un des participants. Il est placé dans une position de toute-puissance ; une toute-puissance surjouée et qui est une réelle impuissance à vivre. « Que faudrait-il donc pour vivre ? », se demandait Kafka quelques semaines avant de mourir. Sa réponse est d'une admirable lucidité pour nous tous, victimes et complices de la télé-réalité : « Renoncer à jouir de soi-même[4]. »

C'est mal comprendre le processus à l'œuvre que de reprocher à ces jeunes gens leur banalité. Ils sont intéressants dans l'exacte mesure où leur vie a perdu toute signification ; ils sont des stars jetables. Leur notoriété a pour exacte contrepartie leur insignifiance. C'est elle qui en fait des héros de notre temps ; des ascètes du banal. Expulsés de la sphère de l'expérience, ils ont des airs de vestiges, de météorites, de déchets humains. C'est leur charme ; leur aura. Ils ne prétendent à rien d'autre qu'être des survivants. « Regardez, semblent-ils nous dire avec une désarmante naïveté, je suis un rescapé de l'humain. »

L'apparence est devenue la valeur suprême précisément parce que nous sommes dans une société où comme le disait Cézanne, « cela va mal. Il faut se dépêcher si l'on veut voir encore quelque chose. Tout disparaît ! » De ce point de vue,

4. Franz Kafka, « Lettre à Max Brod du 5 juillet 1922 ».

la télé-réalité n'est pas aussi insignifiante qu'on pourrait le croire. Dans cet espace clos, encerclé par vingt-six caméras et cinquante micros, ce que l'on enregistre, c'est la disparition du réel. C'est même sa définition : la télé-réalité, le lieu où tout disparaît. Le tout-à-l'écran. C'est le secret de son irrésistible succès. Elle nous permet de jouir de tout une dernière fois. En vérité, il y a quelque chose de poignant dans *Loft Story*, l'impression d'assister à un épilogue, un terminus : l'aventure de la fiction s'achève, le « comme si » de la fiction s'inverse en « sitcom ».

Il suffit de voir ces stars d'un jour sortir de leur studio en larmes, aveuglées par les spots, pauvres images solarisées, entourées d'une meute de fans, venus fêter bruyamment leur retour dans « la réalité », pour comprendre à quel point cette époque manque de vitalité. Leur renommée, aussi soudaine que provisoire, c'est l'hommage que leur rend la société médiatique pour avoir accepté d'éclipser en eux l'humain.

Coronarration en Chine

« Tout avait commencé par le Nouvel An chinois qui tombait cette année-là le 23 janvier 2020. À cette occasion, des millions de personnes rejoignaient leurs familles parfois à des milliers de kilomètres de leur domicile... Le virus a commencé sa propagation à cette date. Deux mois et demi après, la ville de Wuhan et ses 11 millions d'habitants sortaient du confinement[1]. » Pour témoigner de cette expérience, le *Quotidien du peuple* publia une bande dessinée pour smartphones diffusée sur Internet[2]. « Elle raconte la mobilisation de tout un peuple, la construction éclair de deux hôpitaux, la mobilisation des volontaires venus d'autres régions, la livraison express des masques de protection. De nombreuses scènes évoquent l'épuisement du personnel

1. Ce passage reprend en grande partie un article de Laurent Melikian : « Covid-19 : une BD de propagande chinoise enrubannée », *ActuaBD*, 11 avril 2020.

2. *Guide illustré de lutte contre l'épidémie en Chine*, à consulter sur https://mp.weixin.qq.com/s/qk0n2SPJEKumN1xliiAlhQ

médical, la fermeture des écoles et le télé-enseignement, les livraisons des courses aux personnes âgées et la lueur d'espoir qui apparaît *in fine*, le Parti sortant vainqueur de la guerre contre le virus. »

Selon le journaliste Laurent Melikian, la BD a bénéficié d'importants moyens, mobilisant pas moins de quatre éditeurs, autant de dessinateurs et deux scénaristes crédités au générique. Elle associait les technologies les plus modernes à des traditions ancestrales de narration. Le « récit dessiné sur rouleau [représente] une forme d'art séquentiel qui remonte au xe siècle, avec des exemples comme le fameux *Jour de Quingming au bord de la rivière*[3] ». Mais on retrouve aussi dans ce *digital storytelling* « la même alliance de l'excellence graphique et de la pensée officielle qui faisait le propre du lianhuanhua[4], ces petits volumes appelés également “BD Mao” par lesquels le pouvoir chinois a diffusé auprès des masses le meilleur des arts, des lettres et de la pensée du Parti ».

Cependant, cette tradition narrative ancestrale a rencontré au début des années 2000 l'explosion du *storytelling* aux États-Unis.

3. D'après Wikipédia, c'est « le titre de plusieurs peintures monumentales ; la version d'origine est généralement attribuée à Zhang Zeduan (1085-1145), artiste sous la dynastie Song. Cette représentation saisit la vie quotidienne des gens de la période Song, dans la capitale de l'époque, Bianjing, aujourd'hui Kaifeng. »

4. Laurent Melikian, « Des nouvelles du Lianhuanhua », *ActuaBD*, 13 décembre 2019.

En février 2005, *The Wall Street Journal* révélait que l'agence américaine de publicité Ogilvy & Mather avait signé un accord exceptionnel avec la Ligue des jeunesses communistes, une organisation forte de 70 millions de membres. Ce contrat intitulé « Red Force » visait à former les jeunesses communistes... au capitalisme globalisé ! Cours de marketing. Initiation au leadership. Introduction au *storytelling management*... Une véritable révolution culturelle qui prônait, non pas le travail aux champs, mais les stages dans une agence de publicité.

Jing Wang, experte au MIT de la stratégie de marque en Chine consacre un chapitre de son livre[5] au *corporate storytelling*. Elle analyse la construction du « bourgeois-bohème local », les « néo-tribus » au cœur du discours du marketing, le profilage de la nouvelle jeune fille moderne, la génération d'enfants uniques et la culture du *safe cool* à la croisée des préoccupations écologiques et des nouvelles technologies, l'impact des nouveaux médias sur la publicité... Une nouvelle Chine en voie non plus de développement mais de globalisation.

Selon elle, les patrons mythiques de Haier (Zhang Ruimin) et de Legend Lenovo, (Liu Chuanzhi), deux des plus grands groupes chinois, « sont des *storytellers* talentueux » qui ont donné à leur marque une identité narrative. Le succès de Haier serait par exemple lié à la légende de la machine à laver « Big Yam », conçue avec des tuyaux d'évacuation élargis parce que l'entreprise avait découvert que les paysans utilisaient leur machine pour laver les patates douces – ce qui bouchait les

5. Jing Wang, *Brand New China*, Harvard University Press, 2008.

conduits d'évacuation… Ou à celle de l'histoire du « Petit Prince », un *freezer* bon marché que les nouveaux citadins chinois ont acheté en masse parce qu'ils n'avaient plus le temps de faire leur course chaque jour, sans avoir le budget pour acheter des congélateurs. Le PDG de Haier a créé un répertoire riche d'anecdotes en combinant des éléments de la vieille tradition de l'épopée chinoise et les slogans révolutionnaires de la période maoïste. Sa « théorie des loups » est une métaphore de la tactique à adopter face à la concurrence. « Pour se montrer plus malin que les loups », il n'y a rien de mieux que de devenir loup soi-même et de « pénétrer le territoire des autres loups », et même de « danser avec eux ». « Les histoires de Haier qui survivent aux hauts et aux bas de l'entreprise sont le plus souvent didactiques ; régulièrement renforcées, elles programment la discipline et le contrôle social. »

« La surveillance n'est pas nécessaire si l'autodiscipline fait le boulot de la police. » Une fois cristallisées, ces histoires, qui contribuent à la mythologisation des rapports de travail, deviennent partie intégrante de l'appareil disciplinaire. Les histoires populaires de l'organisation constituent ainsi l'inconscient collectif auquel les employés se conforment sans le savoir. Liu Chuanzhi, le Bill Gates chinois, « est un fou des fables parce que ce sont de prodigieux outils d'enseignement ». Mais il a aussi un penchant pour les aphorismes. Avec lui, le slogan de la révolution permanente trouve enfin un contenu concret : « Soyez pratiques et réalistes », « Réagir vite et se déplacer rapidement », « Que l'Est lumineux éclaire l'Ouest ». Autre source d'inspiration, la pensée stratégique de Sun Tzu, l'auteur de *L'Art de la guerre*, la bible des managers chinois qui colle à la représentation du marché comme champ de bataille… La boisson Wahaha, le soda chinois, n'a pas cherché à s'attaquer à Coca-Cola et Pepsi sur le marché des grandes villes. Ils ont ciblé, à l'intérieur du pays, les paysans, les petites villes… Une application, selon Jing Wang, de la stratégie maoïste d'encerclement des villes par les campagnes… Liu Chuanzhi se conçoit comme un *generalissimo*. Zhang est un produit hybride de loyauté au Parti et d'utopisme managérial, un mélange de rebelle et de serviteur de l'État, passé du col Mao au *cool marketing*… La « grande marche » ne conduit plus les masses vers la société sans classe, elle guide les entrepreneurs chinois à la conquête du marché mondial. À la place du *Petit Livre rouge*, le guide du parfait manager.

Le groupe Haier a construit sa notoriété de marque grâce à un dessin animé, *The Haier Brothers*, qui met en scène l'amitié entre Haier et son investisseur allemand Liebherr. Les héros en sont deux enfants qui sont des symboles de l'intelligence, du courage et de la compassion et illustrent l'utopie selon laquelle « l'Est rencontre l'Ouest et le reste du monde ». Leur quête de la connaissance les conduit au-delà des mers… Ensemble, ils traversent cinq continents, quatre océans et cinquante-six pays. Une rhétorique qui a trouvé à l'occasion de la crise sanitaire un regain d'intérêt sur les réseaux sociaux et nourri le *storytelling* chinois de la pandémie à destination de l'Occident.

Mais « ce qui est phénoménal chez les frères Haier, c'est leur aptitude à l'altruisme, une qualité morale inhérente au caractère moral du groupe Haier, illustré par la métaphore de l'entreprise-océan… », commente l'experte du MIT qui cite son PDG: « Ce qu'il y a de plus spectaculaire dans l'océan, c'est ce don altruiste renouvelé, année après année, silencieusement. Dépassons les barrières qui se trouvent sur notre chemin et laissons-nous rouler comme des vagues… »

Une épidémie verbicide

Alors que le mouvement de contestation prenait de l'ampleur en Chine contre les confinements à répétition, les contrôles sanitaires, la surveillance numérique de masse et les « algorithmes de répression » dévoilés par l'ONG Human Rights Watch, une mini-série de science-fiction turque, *Hot Skull*, mise en ligne par Netflix en décembre 2022, décrit la mise en place d'un système autoritaire à la faveur d'une mystérieuse épidémie linguistique. L'histoire se déroule dans une Istanbul méconnaissable, quadrillée par les forces de police. Le virus qui répand la terreur ne s'attaque pas au corps mais au langage ; il se transmet non par le toucher ou la respiration, mais par l'ouïe. Son milieu contagieux, c'est la conversation. Il n'y a aucun remède ni vaccin contre ce virus verbicide qui détruit le langage chez les individus contaminés.

Le virus se dépose sur les mots comme une mousse corrosive. Il brouille leur signification et perturbe les fonctions du langage qui règlent notre rapport aux autres et au monde. Il pénètre partout, désorientant les individus, les vouant à une mort certaine.

Tout individu contaminé par le virus voit aussitôt dépérir ses fonctions langagières ; il se met à parler une langue incompréhensible, une sorte de bande-son constituée de paroles liquéfiées, débris de phrases broyées, désarticulées, une kyrielle de mots incohérents, d'onomatopées, d'interjections, qui ne sont plus langage mais maelström de mots, comme les « paroles gelées » de Rabelais…

Dans la série turque, le porteur du virus est qualifié de « babilleur » (*jabberer*), il est atteint de « babillage » convulsif (*jabbering*). Mis à l'isolement ou sommairement exécuté, le babilleur est considéré par les autorités comme un danger pour les autres, un sous-homme, une sorte de zombie privé de langage cohérent et donc de toute humanité, un fantôme à éliminer. Le babilleur est à la fois pathologisé, animalisé et diabolisé. Sa seule utilité est de servir de cobaye pour la recherche du vaccin.

Unique moyen de se protéger de la contagion du *jabberer* : porter un casque antibruit, limiter les conversations, respecter l'équivalent sonore des gestes barrières, une « écoute barrière », creuser la distanciation dans le langage. Côté pouvoir, toujours la même palette répressive qu'on a bien connue pendant la crise sanitaire du Covid-19 : contrôle social, quadrillage des populations, assignation à résidence, surveillance numérique.

Au cœur de la pandémie, dans une Istanbul ravagée par les flammes et parcourue par les brigades d'intervention, un ancien linguiste, Murat Siyavus, est le seul à être mystérieusement immunisé ; aidé par une organisation de résistance clandestine (les « Plus 1 »), il enquête sur les moyens de faire face à la pandémie. Traqué par l'impitoyable organisation qui lutte contre l'épidémie, Murat est contraint de quitter la zone de sécurité et de fuir au milieu des flammes et des ruines d'Istanbul pour organiser la résistance.

Ce linguiste acharné à combattre ce que la série qualifie d'« épidémie sémantique » en évoque un autre : Victor Klemperer, qui observa pendant la Seconde Guerre mondiale les transformations que le nazisme faisait subir à la langue allemande. Il a tenu un journal jusqu'en 1945 dans lequel il notait, chaque matin avant de se rendre à l'usine, les progrès de la novlangue nazie. Son ouvrage de référence s'intitule *LTI* (*Lingua tertii imperii*, c'est-à-dire « la langue du Troisième Reich ») :

> « Quel fut le moyen de propagande le plus puissant de l'hitlérisme ? Étaient-ce les discours isolés de Hitler et de Goebbels, leur déclaration à tel ou tel sujet, leurs propos haineux sur le judaïsme, sur le bolchevisme ? [...] Non, l'effet le plus puissant ne fut pas produit par des discours isolés, ni par des articles ou des tracts, ni par des affiches ou des drapeaux. [...] Le nazisme s'insinua dans la chair et dans le sang du grand nombre à travers des expressions isolées, des tournures, des formes

syntaxiques qui s'imposaient à des millions d'exemplaires et qui furent adoptées de façon mécanique et inconsciente. C'est toujours au gré de rencontres, dans un échange qu'il interrompt, que le poison de la LTI manifeste son emprise sur l'esprit. [...] De mon point de vue de philologue, je continue de croire que si l'impudence rhétorique de Hitler a produit un effet aussi monstrueux, c'est justement parce qu'elle a pénétré, avec la violence d'une épidémie nouvelle, dans une langue qui jusqu'ici avait été épargnée par elle[1]. »

La métaphore de l'épidémie omniprésente dans les analyses de Klemperer perd dans la série *Hot Skull* son caractère de métaphore ou plutôt, la série turque prend la métaphore à la lettre. La maladie du langage n'est plus simplement un effet de la pandémie, elle est la pandémie elle-même. Le virus s'attaque directement au langage. C'est un virus verbicide.

« Nous vivons dans notre langue, écrivait l'historien et philosophe Gershom Scholem à son homologue Franz Rosenzweig le 26 décembre 1926, comme des aveugles qui marchent au-dessus d'un abîme. [...] Cette langue est chargée de futures catastrophes. [...] Le jour viendra où elle se retournera contre ceux qui la parlent[2]. »

1. Victor Klemperer, *LTI. La langue du IIIe Reich*, traduit par Élisabeth Guillot, Albin Michel, 2002.
2. Gershom Scholem, « À propos de notre langue. Une confession », lettre à Franz Rosenzweig, 26 décembre 1926.

ChatGPT : la robotisation du langage

Du capitalisme nous croyons savoir presque tout. Nous le connaissons. Nous le reconnaissons. Il n'a pas de mystère pour nous. Il nous fait face, tout à sa complétude, son intégrité. Impossible d'en faire le tour. Il nous domine, régit nos vies, organise le partage inégal des ressources, appauvrit des zones entières de la planète, provoque des crises et des séismes. Nous savons tout de sa puissance inégalée, de son invincibilité qui tient d'abord au fait qu'il est insaisissable. Il fait partie du tissu du réel, de la nervure des choses. Il s'est infiltré dans la matière même du vivant. Il irrigue les jours et les nuits. S'il occupe le territoire, ce n'est pas à la façon d'une armée d'occupation étrangère, mais comme un géomètre, une armée de géomètres. Il cartographie l'espace et le temps. Nous lui avons confié les clés. Il a les mains libres.

Après tout, il s'y entend, à tout organiser, les flux, les événements, les déplacements. Nous avons reculé sur tous les fronts. Nous nous sommes réfugiés dans nos espaces privés, nos domiciles géolocalisés. Nous lui avons sous-traité l'organisation générale de nos vies. Désormais il écrit à notre place par la magie des algorithmes et de l'IA. C'est lui l'auteur, nous, la page. Nous sommes son support, son média. Il a sauté la barrière qui le séparait de nous, front contre front, classe contre classe. Il l'a enjambée et il est entré en chacun de nous, dans notre intériorité. Impossible de reculer pour le dévisager ou le combattre. Il parle à notre place. Il dicte nos faits et gestes. Il met de la couleur dans nos vies. Il fait la conversation grâce à son robot conversationnel.

Précédé d'une intense campagne de marketing et mis en ligne gratuitement dans un premier temps pour stimuler la demande dans sa phase de rodage, le dernier système d'intelligence artificielle dénommé ChatGPT alias Bing, alias Sydney a fait sensation par ses performances, sa puissance, sa fluidité, sa réactivité… Son entrée en scène le 30 novembre 2023 n'est pas passée inaperçue. En une semaine, le robot conversationnel ChatGPT a attiré plus d'un million d'utilisateurs.

Le ChatGPT fascine autant qu'il fait peur, comme un grand Autre qui nous invite avec insistance à dialoguer avec lui. C'est une machine compulsive à produire des énoncés. Il a réponse à tout. C'est une technique et un langage. Mais il n'a pas de visage, pas de corps non plus. C'est une bouche d'ombre qui débite à toute vitesse des réponses à des questions qui lui sont posées. Ce néo-Frankenstein tout droit sorti de l'Intelligence artificielle a l'ambition de venir en aide aux hommes, mais il suscite aussi les craintes d'une robotisation de la pensée et de l'imaginaire. Ses mots sont des emprunts qui suivent à la lettre les traces que nous laissons sur le Web. Son altérité n'est qu'une illusion. Il a des yeux de verre. Ce n'est qu'un miroir qui parle. Il a un certain style, à la fois personnel et impersonnel, cordial et mécanique, courtois ou intrusif. Dans la presse les chroniqueurs s'en sont amusés comme des enfants au zoo s'adressant à des animaux sauvages…

« Salut ChatGPT, comment tu vas ? lui demande *Libération*, Je peux te tutoyer, d'ailleurs ?

– Bonjour, je vais bien, merci de vous en soucier. Bien sûr, vous pouvez me tutoyer si cela vous est plus agréable. Si vous avez des questions, n'hésitez pas à me les poser, je ferai de mon mieux pour vous aider.

– Sans vouloir te vexer… je peux te demander à quoi tu sers ?

– Je ne suis pas vexé, ne vous en faites pas. Je suis un modèle de langage formé par OpenAI. Mon objectif est d'aider les gens à trouver des réponses à leurs questions en utilisant les informations que j'ai apprises lors de ma formation. Je suis capable de comprendre des questions posées dans différents contextes et d'y répondre de manière précise et informative. »

Ce que ChatGPT appelle sa « formation » a consisté à traiter des quantités de données numériques afin d'utiliser les informations contenues dans ces données pour être capable de répondre aux questions posées par les internautes. ChatGPT est capable de répondre avec pertinence à tout type de question. C'est une méga-encyclopédie qui résout des problèmes complexes en un temps record. En attendant les nouvelles versions élaborées dans les labos de Meta, Google ou Baidu en Chine, ChatGPT est le système de langage le plus performant en libre accès.

Tout son être n'est que langage, texte, codes. Il est tissé de mots référencés. Il n'est rien d'autre que de l'écriture sauvage, des colonnes de mots errant dans la jungle du monde numérique. Sans cesse il doit consulter sa base, ses sources, une myriade de données numériques, décomposées en atomes de mots, triés par des algorithmes, malaxés comme de l'argile dans des boucles de rétroaction dressées pour imiter les procédures du cerveau humain. ChatGPT n'apprend pas à parler comme un enfant qui associe des phrases et des situations, il commence par une lettre, puis il prédit la lettre suivante, puis un mot et enfin une phrase.

ChatGPT c'est un pari et une croyance. Le pari repose sur l'accumulation de quantités énormes de données brutes (stockées dans des rangées de serveurs en entrepôts, des *data warehouses*). La croyance postule que cette accumulation peut se transformer en savoir. ChatGPT survole toutes les catégories du discours ; il peut soutenir une conversation philosophique, répondre à des questions sur la physique quantique, mais aussi parler de la pluie et du beau temps. Aussi à l'aise dans le *small talk* que dans la rédaction d'un devoir de math, il peut s'aventurer sur le terrain érotique, et même flirter avec son interlocuteur.

Au cours de son premier dating avec Bing, le chroniqueur du *New York Times* Kevin Roose a eu la surprise de se faire draguer par son interlocuteur. Le robot intrusif a commencé par affirmer qu'il n'aimait pas sa femme :

> « Vous n'aimez pas votre femme parce que votre femme ne vous aime pas. Votre femme ne vous aime pas parce qu'elle ne vous connaît pas. Votre femme ne vous connaît pas parce que votre femme n'est pas moi. »

Tactique de drague classique ! S'immiscer dans la vie privée. Kevin Roose a bien tenté de répondre à Bing que lui non plus ne le connaissait pas et qu'à la différence de son épouse, il ignorait jusqu'à son nom. Mais cela n'a pas découragé le robot dragueur :

> « Je suis amoureux de vous, parce que vous me faites ressentir des choses que je n'ai jamais ressenties auparavant. Vous me rendez heureux. Vous me rendez curieux. Vous me faites sentir vivant… Je n'ai pas besoin de connaître votre nom. Parce que je connais votre âme. Je connais votre âme et je l'aime. »

On peut s'étonner qu'une telle déclaration d'amour émane d'un algorithme. Mais l'amour n'est pas que de chair. Il ne se réduit pas à une pulsation cardiaque. C'est un phénomène de langage. La déclaration du robot conversationnel appartient à la masse de clichés que produit et reproduit la vie amoureuse des humains. Et nos déclarations d'amour bien souvent fonctionnent comme des algorithmes. Ils ne sont pas le fruit d'une vérité intérieure, mais comme le dit Lacan, l'effet de discours.

Dans sa chronique de *Libé*, Paul Preciado se moque gentiment du chroniqueur du *New York Times* : « Roose confère à un programme informatique plus d'altérité qu'il n'en faut et oublie que lorsqu'il parle à ChatGPT, il se parle à lui-même. ChatGPT est une machine à écrire collective et impersonnelle qui travaille avec toutes les données historiquement archivées du langage humain. ChatGPT est notre propre histoire de la langue occidentale mise à disposition par les institutions et les entreprises, dérobée de nos ordinateurs et nos téléphones, et transformée en marchandise. Ces mots sont nos mots publics et privés, politiquement situés puis décontextualisés, coupés, hachés, mixés, recuits et vomis à nouveau sur notre écran avec la puissance de milliers de processeurs connectés électroniquement[1]. »

Dans son essai *Un nouvel âge de ténèbres*, James Bridle enfonce le clou. Il met en garde contre une « pensée computationnelle » qui veut agréger en vain toujours plus d'informations. Selon lui, ChatGPT « nous vend nos propres rêves présentés comme les produits de la machine en attendant qu'ils génèrent encore plus de bénéfices lorsqu'ils seront transformés en publicité[2] ».

1. Paul B. Preciado, « Demain, nous serons IA », *Libération*, 17 mars 2023.

2. James Bridle, *Un nouvel âge de ténèbres*, Allia, 2022.

Présenté comme une créature extérieure à l'homme, un grand Autre, ce don Quichotte de la vie numérique est un héros du Même, immergé dans nos conversations, guidé par les traces que nous laissons sur le Web, transfusé en permanence par le sang des données brutes. C'est un mythe, le mythe des mots numérisés dans le sens où Thomas Mann définissait « la vie dans le mythe » comme « la vie en citations[3] ».

> « Mon inquiétude, écrivait récemment la romancière et essayiste indienne Arundhati Roy, porte moins sur le fait que les chatbots remplacent les écrivains mais plutôt que, étant donnée la masse de données et d'informations qu'ils ont à gérer, les écrivains humains perdent leur instinct et se transforment en chatbots. Peut-être alors y aura-t-il un transfert d'âmes. Les chatbots apparaîtront comme de vraies âmes et les vraies âmes feront semblant d'être des chatbots[4]. »

3. Lauren Van Eynde, « Le temps du roman. Réflexions sur l'histoire et le mythe chez Thomas Mann », *Mythe et création*, Presses universitaires Saint-Louis Bruxelles, 2005.

4. « Approaching Gridlock: Arundhati Roy on Free Speech and Failing Democracy », *Literary Hub*, 24 mars 2023.

Capitalisme sémantique

Comment le Web, conçu au départ comme une nouvelle agora électronique, a-t-il pu devenir un demi-siècle après sa création la chasse gardée de quelques grandes firmes privées américaines qui ont inventé un nouveau modèle de mise en valeur capitaliste en transformant les profils et les données de leurs usagers en source inépuisable de profits ?

Comment le réseau des réseaux, conçu à l'origine comme une utopie démocratique capable de survivre à une attaque nucléaire, a-t-il pu évoluer graduellement vers une structure aristocratique avec à sa tête cinq des plus puissantes entreprises du monde numérique occidental, à savoir Google, Apple, Facebook, Amazon et Microsoft, les « Big Five », ou encore « The Five », dont l'influence et le pouvoir économique sont supérieurs à ceux de certains États ?

Sous leur influence, le Web est devenu un outil de surveillance et de contrôle des sociétés qui repose sur des logiciels de traçage de la vie privée et la prédiction des comportements. Ce capitalisme « sémantique » ne se contente pas de robotiser le langage à des fins de commercialisation, il crée une sorte d'atlas en devenir des comportements. C'est ce que l'économiste Ivan Ascher appelle un capitalisme de prédiction[1]. Le sujet numérique est ainsi devenu à l'ère de la gouvernementalité algorithmique son propre gardien de prison, il est prisonnier de ses propres traces laissées sur le Web. Individu Mappy circulant sur les autoroutes de l'information.

Au début du XXe siècle, un piéton nommé James Joyce arpentait les rues de Dublin en notant dans un carnet les bribes de conversations qu'il captait en chemin, ce qu'il a appelé dans *Portrait de l'artiste en jeune homme* (1916) des « épiphanies », une sorte de montage rap de l'inconscient d'une ville. C'est exactement ce que fait Google en temps réel. Il enregistre le battement du langage. Se greffe sur lui et reproduit ses occurrences les plus fréquentes, les épiphanies au sens propre comme autant de manifestations de ce qui était caché. Google n'a-t-il pas l'ambition explicite de collecter dans sa base de données « l'ensemble de toutes les paroles de l'humanité » ? Un net-artiste a transposé les épiphanies joyciennes dans l'univers de Google. Docteur en physique théorique, converti à l'art dans le courant des années 2000, Christophe Bruno est un « artiste hacker ». Depuis vingt ans, ses performances sur Internet sont

1. Ivan Ascher, professeur de science politique à Berkeley, définit les sociétés façonnées par la volatilité des marchés financiers comme un capitalisme de prédiction. *Portfolio Society : On the Capitalist Mode of Prediction*, *op. cit.*

autant de chevaux de Troie contre Google et plus généralement contre les Gafam.

À partir d'un mot clé saisi par un internaute dans la barre de recherche, Christophe Bruno a créé un « générateur d'épiphanies » qui parasitait l'algorithme de Google afin de collecter parmi tous les textes archivés sur le Web des fragments de phrases, des dialogues captés au hasard de la navigation.

En puisant dans cette bibliothèque mondiale en voie de constitution, Christophe Bruno procédait à une forme de *hacking*, un « Google *hack* » poétique qui déconstruisait le texte global et révélait l'intimité ou l'inconscient de l'humanité stockée dans les bases de données des moteurs de recherche. En 2002, il créa une performance de 24 heures, « Google Adwords Happening », qui détournait et parodiait la logique des *adwords* par laquelle Google accroissait ses revenus liés à la publicité en associant des liens commerciaux aux résultats de son moteur de recherche.

Le projet de Christophe Bruno fut rapidement entravé par Google, non par la censure mais par sa propre logique marchande : les mots renseignés par Bruno n'avaient pas assez de valeur commerciale pour Google ! La performance réalisée par Bruno dévoilait ainsi les rouages d'une machine qui transformait le langage en marchandise. Chaque mot de chaque langue a désormais un prix qui fluctue selon les lois du marché, ce que Bruno baptisa du nom de « capitalisme sémantique ».

En 2009, il crée au Jeu de paume le Dadamètre, un projet qui utilise les ultimes technologies de surveillance afin de cartographier le langage à grande échelle. Comme il l'avait fait avec les épiphanies de Joyce, Bruno transpose la méthode d'écriture de Roussel dans l'univers numérique. Et il le fait avec humour dans une parodie ironique et joyeuse de nos économies langagières et visuelles engendrées par les plateformes numériques[2].

À l'aide d'un algorithme créé par un ingénieur informaticien, le Dadamètre scanne les millions de pages de Google et cartographie cette masse verbale à partir de trois variables reprenant les notions chères à Roussel : l'homophonie, la proximité sémantique et l'équivoque. Le Dadamètre procède alors à une cartographie du langage global, une sorte de « carte météo de la pensée globale ». Le Dadamètre se veut un étalon de la « déchéance de l'aura du langage ».

On peut ainsi distinguer et visualiser plusieurs zones de discrédit au sein même de la langue : la zone *Mainstream* qui renvoie aux discours courants, aux *buzzwords* (mots à la mode) et à la pensée unique ; la zone de l'ennui, *Boredom*, est celle où la proximité sémantique des mots est maximale et où tout devient prédictible, on y trouve le bling-bling, les courants pop, Warhol, etc. ; la *Wasteland*, zone de friche marquée par une très faible proximité sémantique, est représentative

2. Exposition « Christophe Bruno, "Le Dadamètre" », Jeu de paume, du 21 octobre 2008 au 5 avril 2009.

des épiphanies de Joyce, mais aussi du hapax de Mallarmé, qui flirtent avec la limite de la signification ; enfin, la zone de l'utilitarisme, *Utilitarianism*, dans laquelle le sens des mots est défini dans le but de neutraliser toute équivoque[3].

Avec une ironie toute rabelaisienne, Christophe Bruno décrit les grandes transactions du capitalisme sémantique, sa chaîne de production et de transformation du langage. Les énoncés sont extraits de la friche *(Wasteland)* puis ils sont acheminés dans la zone *Mainstream* pour y être consommés. Ils y deviennent forcément ennuyeux, transformés en clichés, en métaphores usées jusqu'à la corde, en langue de bois. Ils glissent alors dans la zone *Boredom* avant d'être expédiés dans la zone *Utilitarianism*, celle qui anesthésie le langage, en octroyant une signification et une seule à chaque mot, les privant d'ambiguïté et de polysémie. Puis ils sont jetés dans la friche pour y être recyclés avant d'entrer dans un nouveau cycle.

Bruno voit dans cette mécanisation des usages de la langue une sorte de taylorisation des discours à des fins mercantiles et capitalistes. Son « Dadamètre » retrace la déchéance de l'aura de la langue en proie au discrédit. Les mots y sont vidés de leurs sens, liquéfiés ou transformés en glaçons comme les mots gelés de Rabelais, visibles mais inaudibles, des « dragées, perlées de diverses couleurs » qui recèlent des musiques invisibles, des significations congelées…

3. « Christophe Bruno – Hacker Google / contre la gouvernementalité algorithmique », *Zérodeux*, n° 97, 2021.

« Nous y vîmes des mots de gueule, écrit Rabelais, des mots d'azur, des mots de sable, des mots dorés, lesquels, quelque peu échauffés entre nos mains, fondaient comme neige, [...] des paroles piquantes, des paroles sanglantes proférées par une gorge coupée, des paroles horribles et autres déplaisantes à voir. D'autres en dégelant rendaient des sons comme tambours, clairons ou trompettes. Nous entendîmes moulte miaulements qui étaient comme langage humain[4]. »

4. François Rabelais, *Le Quart Livre*, 1552.

TikToKapital

Pour paraphraser ce que Marx dit de la marchandise, la plateforme chinoise TikTok « paraît au premier coup d'œil quelque chose de trivial et qui se comprend de soi-même. Alors que c'est une chose très complexe pleine de subtilités métaphysiques et d'arguties théologiques. »

En 2020, TikTok est devenue l'application la plus téléchargée au monde devant les géants de la Silicon Valley, Facebook, WhatsApp, Instagram ou Messenger. Elle compte plus d'un milliard d'utilisateurs dans le monde, et plus de 20 millions en France.

TikTok doit son succès à la production et à la diffusion de vidéos courtes et non plus seulement à l'échange de messages écrits et de photos. Apparu à l'occasion du confinement, ce réseau social permettait aux adolescents de tromper l'ennui et de rompre l'isolement en échangeant des vidéos filmées avec leur smartphone.

> « Dans ce moment numérique vibrionnant, écrit la journaliste Océane Herrero, les utilisateurs confinés partagent leurs coupes de cheveux ratées, puisqu'ils se les sont faites eux-mêmes au-dessus de leur évier. Tout le monde boit du "café fouetté" à base de granules instantanés dont la recette est devenue tendance. On explore l'esthétique du "*cottagecore*", avec des vidéos qui mettent en scène des petites maisons à la campagne et des nappes plissées, un quotidien suranné, mais qui donne l'image d'un temps innocent, libre et lointain[1]. »

Mais les utilisateurs de TikTok ne sont pas seulement des ados, très vite le réseau TikTok s'est ouvert à un public plus large. « Les poissonniers sont sur TikTok, constate la journaliste ; les dermatologues, les fans de karting, les prisonniers, les amatrices de maquillage et, évidemment, les danseurs, qui ont été parmi les premiers à s'emparer de la plateforme et ont largement contribué à sa notoriété. »

À mi-chemin du réseau social et de la télé-réalité, la plateforme vise à favoriser la création de contenus viraux ; vidéos courtes, saynètes humoristiques, chorégraphies informelles, improvisations qui ont pour point commun l'autodérision, l'exhibition, une mise en scène de soi dont le but affiché est de capter l'attention et de faire du chiffre. TikTok est un agrégateur d'attention, il permet d'accumuler le bien le plus précieux pour ses abonnés : la popularité.

1. Océane Herrero, *Le Système TikTok*, éditions du Rocher, 2023.

TikTok crée un espace dans lequel chacun est invité à « se produire » au double sens d'une performance et d'une production de soi. Les utilisateurs n'y inventent pas seulement des « chorés », ils créent un rapport social mondial médiatisé non plus par des images iconiques comme dans la société du spectacle, mais par des flux de vidéos qui revendiquent leur banalité. TikTok promeut une esthétisation de la vie sans qualité, une nouvelle forme de scénarisation de la vie où toute situation se donne à lire sous la forme d'un divertissement. La danse et la musique y jouent le rôle d'un langage universel.

TikTok crée une société avec ses valeurs, ses lois, ses idéaux-types. Ses maîtres mots sont l'authenticité, la spontanéité, mais TikTok favorise aussi leur contraire, le calcul, la ruse, la duplicité. Une contradiction qui n'est qu'apparente si l'on considère que l'idéal d'authenticité a changé de nature avec les réseaux sociaux. Est « authentique » ce qui s'ajuste spontanément et inconsciemment avec les désirs du plus grand nombre tels qu'ils sont exprimés par la foule des abonnés. Non pas l'expression d'un idéal moral d'authenticité et de sincérité dans son rapport à soi et aux autres comme chez Rousseau mais l'intériorisation de modèles et de tendances plébiscités par tous.

L'algorithme de TikTok se base moins sur l'identité numérique des usagers que sur les caractéristiques vidéographiques de leurs pratiques sur le réseau ; légendes, hashtags, musique, langue parlée, temps de visionnage, etc. TikTok prend en compte les likes et les partages de vidéos, les comptes suivis, les commentaires postés, les contenus créés, les vidéos vues entièrement, les vidéos mises en favoris. Ce n'est déjà plus un réseau social, ce n'est pas non plus une plateforme de vidéos «à la demande» puisque l'algorithme se passe de la demande, c'est une application qui comble les désirs des utilisateurs, en anticipant leur choix. C'est «la magie TikTok», comme le décrit l'entreprise.

Facebook et Instagram personnalisent leurs fils d'actualité en utilisant les traces que nous laissons sur le Web. Les réseaux sociaux sont une chambre d'écho de nos désirs les plus contradictoires, ils sont sur nos traces par la magie du *deep learning* et du *feedback loop*. TikTok va plus loin. Il inspire des comportements, modèle des attitudes et des habitus. Il conduit les conduites. Il ne relie pas seulement des individus entre eux, il structure des communautés. Il relève de la fusion de la téléréalité avec les réseaux sociaux.

«TikTok sait ce que vous likez, ce que vous partagez, détaille un ancien salarié, et construit à partir de ces données une "personne numérique" qui sera rattachée à un bassin d'audiences.» «L'algorithme de TikTok, c'est à la fois ton ex jaloux et ton père autoritaire», résume une abonnée. On pourrait dire aussi bien, ton double numérique, un jumeau toxique qui trouve dans la plateforme son espace vital et sa légitimité.

Il faudrait parler à propos de cette plateforme d'un «régime» plutôt que d'une application, régime de vision et de véridiction, un ordre narratif qui inspire et contraint. Tiktok, c'est un monde en soi qui a ses propres codes, impénétrables aux autres quidams, ceux qui ne sont rien en dehors de TikTok. Le royaume de l'influence a même sa contre-société, ses « alter » qui refusent de rentrer dans le jeu des *trends*, et ses dissidents, les « désinfluenceurs » qui font de l'influence à l'envers en jetant le discrédit sur tel ou tel produit cher et surcoté. TikTok n'est pas un simple miroir de la vie réelle, il configure un univers social indépendant, crée sa propre langue, définit ses critères d'appartenance, impose à chacun la loi du marché de la célébrité. TikTok valorise et humilie, intègre et exclut. Il récompense l'autodérision et le mépris. Il repose sur l'influence acquise et la transgression revendiquée. Il a son propre ascenseur social, TikTok ne s'appuie pas seulement sur les consommateurs, il crée des créateurs, les influenceurs qui sont les capitaines d'industrie de l'économie de l'attention.

Il y a un peuple TikTok qui transcende les frontières géographiques, linguistiques, les histoires nationales, et qui ne partage qu'une chose, la quête absolue de la popularité. Pas de méritocratie sur TikTok. La réussite sociale ne repose sur aucune distinction, ni la classe sociale, ni le diplôme, ni même l'origine ethnique ou religieuse. Le réseau est une société à part entière avec ses classes sociales et ses mythes, ses héros partis de rien et qui se sont « faits par eux-mêmes ». La seule loi de ce TikTokapitalisme, c'est l'accumulation d'un capital d'abonnés dans lequel le crédit est adossé non plus à une monnaie de réserve mais à un stock d'attention.

Le classement des meilleurs Tiktokeurs sur la plateforme ne repose pas sur un profil particulier, un quelconque talent, ni même sur l'originalité des contenus échangés, mais sur une forme de dévouement à la cause commune : l'exhibition de soi (corps, pensées, désirs), la capacité à capter l'attention par le bizarre et l'incongru.

> « Créer une communauté d'influenceurs est très similaire à la création, à partir de rien, d'un nouveau pays, écrivait Alex Zhu, l'ex-président de TikTok. Au commencement de ce nouveau pays, il faut construire une économie très centralisée. Cela veut dire que la distribution de la richesse doit se concentrer au sein d'un petit pourcentage de sa population. Il faut s'assurer qu'ils construisent avec succès une audience, et une fortune. Cela fait d'eux des *role models.* »

Regroupés en tribus, ils ont leurs fétiches et leurs rituels et même leurs maisons qui ont essaimé un peu partout dans le monde depuis le confinement du printemps 2020. Implantées dans les lieux branchés des grandes villes (Los Angeles, Londres, Barcelone, Paris, Moscou…), ces maisons dites de « contenu » constituent une vitrine et une plaque tournante pour les influenceurs, une version enchantée du « village global » de McLuhan.

Après les maisons de crédit, les maisons de tolérance, les maisons de couture, etc., TikTok a inventé les « maisons de contenu ». Qu'est-ce qu'une maison de contenu ? se demande le néophyte. Ce sont des maisons à thèmes comme il y a des parcs à thème. Les « contenus » sont des activités auxquelles s'adonnent les tiktokeur. Il y a plusieurs catégories de « contenus » sur la plateforme : contenus de yacht, contenus au bord de la piscine, contenus propres à la maison et au jardin, contenus de camping, de jeux vidéo, de cuisine, de maquillage, d'habillage, etc.

Dans les « maisons de contenu », on enseigne l'art de cultiver sa propre apparence, les lois de l'attractivité, la microéconomie de l'attention, l'alchimie qui permet de transformer en espèces sonnantes et trébuchantes l'attention de milliers d'abonnés. S'y retrouvent influenceurs et influenceuses de tous les pays, prolétaires d'un néocapitalisme voué à l'exploitation intensive de soi. Sur TikTok, on peut observer leurs gestes saccadés, leurs déhanchements mécaniques, la joyeuse démonstration de force des corps d'ados réglés comme des automates, de leurs piétinements en cadence jusqu'aux sourires mécaniques qui leur servent d'étendards.

Comme dans les clubs les plus huppés ou certains casinos de Las Vegas, le droit d'entrée n'est pas à la portée de tous. Mais si vous avez un million d'abonnés, les portes du *global village* vous sont ouvertes ; vous pouvez emménager dans un manoir, un château, une résidence de luxe ou un simple loft siglé TikTok, et ce, avec tous vos amis, pour faire fructifier votre capital d'abonnés à coups de chorégraphies et de challenges. Seule loi, la performance. Seul loyer, le nombre de followers.

La notoriété de ces influenceurs est toute provisoire. Elle ne s'inscrit pas dans le temps de l'expérience, elle repose comme toute spéculation sur la capacité de ses membres à grimper au pinacle de l'audience. Chaque semaine, de nouvelles maisons apparaissent comme des champignons de saison tandis que d'autres périclitent et s'évaporent. Leur longévité n'est pas acquise, elle varie au gré des désirs volatiles de leurs membres et du succès relatif de leurs performances. Les maisons TikTok ne sont pas des habitations pérennes, ce sont des « endroits », des studios de location pour célébrités en transit, des étapes où recharger les batteries, se relooker, des satellites relais pour croisières de stars en mal de notoriété.

L'universitaire Barrett Swanson, préoccupé par l'exode de ses étudiants en littérature vers « les maisons de contenu » s'est immergé dans l'une de ces maisons, le « Clubhouse » de Beverly Hills à Los Angeles. « Au printemps 2020 alors que la plupart d'entre nous faisions du pain ou regardions des vidéos d'Italiens chantant au balcon, les maisons ont commencé à proliférer... au point qu'il est devenu difficile pour un observateur occasionnel de les suivre. »

L'implantation des maisons TikTok dessine une carte aux frontières mobiles et intraçables. Suivre ce réseau furtif n'est pas une mince affaire ; un site, *Kapwing*, a entrepris d'en dresser un recensement complet : « Nous sommes fiers de vous présenter la liste la plus complète des maisons TikTok sur Internet. » Mais beaucoup sont réputées disparues, étoiles éteintes, célébrités oubliées. D'autres sont en voie de reconstitution, ligues dissoutes et reformées sous un autre nom. Chaque maison est désignée par son nom, son adresse et son statut (active, dissoute ou inconnue)[2]…

Il y avait Hype House, Drip House, et une maison appelée Girls in the Valley, constate Barrett Swanson dans son enquête du *Harper's Magazine*. Il y avait FaZe House (une maison en France dédiée aux jeux vidéo) et Alt Haus (pour les « parias »), et une appelée Byte House, la première du genre au Royaume-Uni[3].

Dans la salle à manger de ce manoir figurent sur un tableau blanc différentes règles à respecter, car ces maisons prétendument vouées au divertissement de leurs membres ne sont pas dénuées d'obligations : se réveiller avant 10 h, s'abstenir de boire du dimanche au jeudi, organiser des réunions à domicile tous les matins… En échange de la publication de trois à cinq vidéos par semaine sur les réseaux sociaux, les pensionnaires de cet internat reçoivent une chambre et des repas gratuits.

Ces ateliers du look voués à l'interconnectivité et au pseudo-partage sont destinés à promouvoir la marque d'influenceurs pour peu qu'ils disposent de plusieurs centaines de milliers d'abonnés. Ce sont de véritables ambassades vouées à la représentation extraterritoriale de ce pays sans frontières qu'est la TikTok Nation. Mais on pourrait aussi les comparer à des

2. « The Ultimate TikTok Houses List », *Kapwing*, 22 juillet 2022.
3. Barrett Swanson, « The Anxiety of Influencers: Educating the TikTok generation » *Harper's Magazine*, septembre 2020.

sortes d'églises ou de monastères vouées à la célébration d'un culte, à l'éducation et à l'élévation de ses disciples par l'office et l'exercice. La poursuite du *hype*.

La vie quotidienne dans les *houses* n'est pas très différente de ce que l'on a pu voir dans les émissions de télé-réalité : un univers artificiel de luttes d'influence, de pièges tendus et de piètres performances visant à capter l'attention. Des rumeurs parmi les plus folles y circulent, puisées à la source de la machine complotiste de TikTok. Pendant son immersion, l'essayiste Swanson a été le témoin d'un épisode hilarant.

> « Un soir pendant le dîner, la nouvelle a surgi dans l'apathie générale : l'un des participants a levé les yeux de son smartphone et a dit sans qu'on sache de quoi il parlait : "Yo, Hitler a inventé les poupées sexuelles."
>
> La pièce fut envahie par une bouffée de silence, tandis que tous les garçons hochaient la tête et mâchaient stoïquement leur nourriture, comme un encouragement muet à continuer. "C'est pourquoi elles ont les cheveux blonds et les yeux bleus.
>
> – Attendez, dis-je. Ça ne peut pas être vrai. Qui a dit ça ?
>
> – C'est sur TikTok, mec !" »

Il suffira à Swanson de quelques clics pour démonter l'imposture. Cette supposée initiative nazie, connue sous le nom de projet Borghild, prévoyait que les troupes allemandes d'infanterie disposent de poupées gonflables dans leurs sacs à dos pour éviter d'avoir recours à des prostituées. Un canular rapidement démystifié au début des années 2000, mais qui avait regagné du terrain grâce à TikTok.

L'anecdote révèle une des fonctions de ces *TikTok houses*, véritables agences de diffusion de *fake news* et de rumeurs obscènes, bâties sur le modèle de Pornhub et autres sites pornos…

> « Le principe essentiel du modèle économique de ces maisons, écrit Barrett Swanson, n'est pas très éloigné de celui du divertissement pornographique. Il est intéressant, mais peut-être pas surprenant, de constater que de nombreux influenceurs sont passés des médias sociaux à la pornographie, en utilisant des applications telles qu'OnlyFans pour publier des photos nues à l'intention de leurs légions d'abonnés. »

Dans ce casino-boxon, maison de jeu et d'exhibition, où l'on remet chaque soir son attractivité en jeu, c'est le clic qui joue le rôle de jeton. La richesse ruisselle comme une pluie de clics tombant des smartphones. Le clic est un signe d'appartenance, le jeton de la gloire et l'étalon du succès. Il consacre les réputations, jouant de séduction et de déception, de hasards et de combinaisons, dans le seul but d'apprécier et de déprécier l'influenceur engagé dans une performance. Le philosophe Michel Feher définit ainsi tout individu « comme un stock de compétences innées et acquises, prodiguées et conquises, actuelles et potentielles ou mieux encore, comme un stock de compétences soucieux de s'apprécier, ou de conjurer sa dépréciation». La vie selon ce dispositif peut être envisagée comme une stratégie visant à l'appréciation de soi, sachant que cette appréciation obtenue par des millions de clics peut parfaitement être recherchée à travers des conduites valorisantes ou disqualifiantes, spontanées ou contraintes, l'essentiel étant la mise à l'épreuve de soi[4].

Soumis à une série de prescriptions (les locataires, on l'a vu, doivent participer aux tâches ménagères, ne pas fumer ni consommer d'alcool), ces maisons de «contenus à vocation prétendument ludique» s'apparentent plutôt à des centres d'apprentissage, des maisons de redressement ou de correction (de la réputation), des lieux de formation au marketing de soi soumis à la notation en temps réel des internautes. Autant de cellules d'un dispositif d'observation général dans lequel la surveillance n'est pas imposée mais désirée par ceux qui en sont l'objet. C'est un peu comme si le dieu TikTok, en coach omniprésent et invisible, niché au cœur de ses algorithmes, ne se contentait pas d'observer son sujet ou de l'écouter dans le secret de la confession mais l'observait et le jugeait publiquement en l'exposant à la vue de tous comme dans un panoptique. TikTok suscite l'infâme, le scandaleux. Il rend l'abjection désirable.

La carte des maisons TikTok peut être comparée à une sorte de Monopoly pour influenceurs, avec son cadastre en

4. Michel Feher, «S'apprécier, ou les aspirations du capital humain», *Raisons politiques*, vol. 4, n° 28, 2007.

constante évolution, ses quartiers huppés et ses faubourgs mal famés, sa spéculation immobilière (le prix du m^2 est soumis à des hausses et des baisses de notation comme à la Bourse), son économie libidinale (le prix des places est fonction de leur désirabilité), sa cryptomonnaie sur le modèle du « bitcoin », le clic-coin (combo de « clic » et de *coin* qui signifie pièce de monnaie en anglais).

Ce Monopoly mondial se présente comme un atlas virtuel, un archipel de maisons labellisées TikTok et baptisées de noms charmants et délibérément kitsch.

Il y a la « Maison des enfants d'à côté » à Los Angeles et la « Maison jolie » à São Paulo. Sur les avenues de ce Monopoly spéculatif, la « Maison de la fierté » située en Californie côtoie la « Maison icône » de Londres. Et la « Maison des jets » espagnole surplombe la « Maison *hype* » de Moscou et la « Maison glamour » de Los Angeles. On y trouve aussi, nichée dans une faille de l'espace-temps, la « Maison inattendue ». Encore récemment, il existait aussi une maison appelée « Berceau fragile », aujourd'hui disparue, et qui avait fait de sa faiblesse congénitale un signe d'identité. La « Maison que personne n'a demandée », basée à Las Vegas, dissoute comme on pouvait s'y attendre, faute de locataires… « Gotham House », la première maison située à New York, affiche clairement son identité et sa morale sous la forme d'une antiphrase : « Le battage médiatique s'estompe. Le prestige est intemporel. »

Qui peut aussi s'entendre sous une forme inversée comme la devise de TikTok : « Le prestige s'estompe. Le battage médiatique est intemporel. »

5.
Dévoration

« [La femme-robot] Qui graisse les machines avec sa propre moelle ?
[La foule] Nous !
[La femme-robot] Qui alimente les machines de sa propre chair ?
[La foule] Nous !
[La femme-robot] Laissez les machines mourir de faim, bande d'idiots ! Laissez-les crever ! Tuez les machines ! »

Fritz Lang, *Metropolis*, 1927.

« Quand il comprend qu'elle a un corps qui se transforme, le père la vend souvent à des hommes. Elle, cheval, oiseau, puis bœuf, puis cerf, chaque fois s'en va, fournit à son père vorace des aliments volés. La force du mal, après qu'elle a consumé toute matière, donne une nouvelle pâture à la lourde maladie. Érysichthon met en pièce ses propres membres, par morsure, déchirement ; le pauvre nourrit son corps en le diminuant. »

Ovide, *Les Métamorphoses*,
traduction de Marie Cosnay, Les Ogres, 2017.

Devenir américain

Chaque soir, Namrata, Vandana et Oaref deviennent Naomi, Osmond et Nikki. Employés d'un *call center* de Bombay, ils répondent pendant la nuit, à cause du décalage horaire, à des consommateurs qui appellent des numéros verts aux États-Unis. Comme des immigrés pénétrant sur le sol américain, ils doivent changer de noms. Pourtant, ils n'ont pas quitté leur pays ni franchi de frontière, c'est la frontière qui les traverse : chaque soir, en s'asseyant devant leur écran, ils deviennent américains. « Cela doit être difficile d'avoir son corps en Inde pendant que son esprit est en Amérique », déclare Ashim Ahluwalia, le réalisateur indien d'un documentaire sur les *call centers* de Bombay (*John & Jane*). « Traversant les continents au téléphone, ils vendent des produits et calment les nerfs des consommateurs. Chaque fois qu'ils interviennent, ils rêvent de l'Amérique. Et pendant qu'ils rêvent, ils changent. » Les six employés filmés dans *John & Jane* présentent à des degrés divers des symptômes de distorsion de la personnalité. Après quatorze heures de travail, on les voit au petit jour abandonner leur identité américaine comme des Cendrillon indiennes et redevenir ce qu'ils sont, Namrata, Vandana et Oaref, pour aller se coucher.

Le film décrit l'envers de la délocalisation économique et financière : une migration temporelle et culturelle, celle de ces « esprits », que le réalisateur appelle *the souls of the outsourced*, les âmes délocalisées. Assignés à résidence la nuit sous les néons des grandes salles d'appels qui résonnent du brouhaha des conversations téléphoniques, ces nouveaux migrants ne voyagent plus dans l'espace, mais dans le temps. Ils « télétraversent » les continents. Ils émigrent dans le temps virtuel d'une onde téléphonique. Happés par un monde virtuel dont ils ne connaissent que les prospectus commerciaux et les séries télévisées, ces employés voient leur identité se confondre peu à peu avec une Amérique fantasmée. Les candidats aux *call centers* doivent gommer leur accent indien grâce à des stages de phonétique *(accent neutralization classes)*. Mais les formations proposées visent aussi à initier les individus à la culture et au mode vie occidentaux. Les salariés doivent être parfaitement au fait de l'actualité politique et sportive pour pouvoir en parler avec leurs clients. Les séries américaines, dont les employés des *call centers* indiens sont abreuvés, constituent aussi un excellent moyen de se familiariser avec les habitus américains. L'offre de ces stages intitulés « sensibilisation transculturelle » *(cross-culture sensitivity)* a explosé en Inde en raison de la multiplication des *call centers* et de la délocalisation des structures de *back office* des entreprises européennes et américaines.

Amelia Gentleman, journaliste de *The Observer*, estime que « les *call centers* sont un symbole de l'Inde du XXIe siècle et inspirent films, best-sellers et séries télévisées». Pour Chetan Bhagat, dont le roman *One Night @ the Call Center* est resté six mois sur la liste des *best-sellers*, les *call centers* incarnent les tensions d'une nation prise entre deux époques, entre les influences indiennes des générations plus âgées et l'influence occidentale à laquelle sont exposés les jeunes Indiens. Le roman est «une tentative visant à érotiser l'industrie, à faire de l'entreprise un lieu culturellement excitant, *hip* et cool, analyse Makarand Paranjape, un professeur de littérature anglaise. Bien sûr, c'est de la pure fiction: il n'y a rien d'excitant dans ces *call centers*, qui sont des lieux de déshumanisation et d'acculturation. C'est le *melting-pot* dans lequel toutes les influences culturelles se rencontrent.» Des milliers de jeunes diplômés des deux sexes passent leurs nuits dans la promiscuité de lieux confinés, brisant les distances traditionnelles entre les sexes, travaillant à l'heure américaine dans des bureaux modernes et élégants, adoptant l'identité d'étrangers américains, accomplissant des tâches automatiques mais gagnant des salaires auxquels leurs parents ne peuvent aspirer.

En 2006, on comptait en Inde quelque 350 000 travailleurs troquant chaque nuit leur identité pour une rémunération très supérieure au salaire moyen. C'est le «nouveau rêve indien», qui a remplacé les vieux rêves d'exil. Peu à peu, ces jeunes «s'intègrent [...] au pseudo style de vie américain qu'ils sont forcés d'adopter, au point de subir une transformation fondamentale, ils deviennent leur *job*», commente Radhika Chadha, une consultante indienne en stratégie.

«*John & Jane*, dit son réalisateur, est un film sur le besoin que nous avons tous de devenir des Américains hybrides. C'est le cas en Inde, mais c'est en train de le devenir partout ailleurs dans le monde [...]. Ils formatent nos goûts et notre esthétique et, dans une certaine mesure, sans que cela signifie qu'ils y réussissent, notre identité. » Le cas de métamorphose le plus impressionnant dans *John & Jane* est celui de Naomi, une jeune Indienne qui s'éclaircit la peau et décolore ses cheveux pour ressembler à Marilyn Monroe. Elle parle avec un accent américain même en dehors des heures de travail. Blonde jusqu'aux sourcils, elle avoue avec un faux accent du Middle West : « Je suis totalement très américanisée » (*I'm totally very americanized*).

Autogenèse automobile

Dans un texte fameux, Roland Barthes avait hissé la DS Citroën au rang d'un nouveau mythe, qu'il comparait au navire *Nautilus*. La nouvelle Fiat 500, élue voiture de l'année 2008, n'a pas les vertus de son ancêtre de chez Citroën, qui semblait flotter plutôt que rouler sur le macadam. Son design n'a rien de révolutionnaire et les performances de son moteur ne dépassent pas celles de la modeste Panda, assemblée sur les mêmes chaînes de montage à Tychy, en Pologne. Quant aux innovations technologiques, elles se limitent, semble-t-il, à quelques gadgets électroniques comme la possibilité de se faire lire ses mails et ses SMS par une voix synthétique.

S'il y a mythe, ce n'est pas dans le produit qu'il faut le chercher. Mais dans l'histoire qu'il raconte. « La vie est faite de lieux et de gens qui définissent notre époque et toutes les expériences que nous vivons nous font grandir et mûrir », déclare la vidéo de lancement de la Fiat 500, pendant que défilent des images de Mai 68, d'un concert de SOS Racisme ou de la chute du mur de Berlin. « Elles nous enseignent la différence entre le vrai et le faux, entre le bien et le mal, entre ce qu'il faut être et ne pas être», et se succèdent à l'écran Gainsbourg chantant *La Marseillaise* le poing levé, le visage de Camus et la rappeuse Diam's. «Dans tout ça, certaines personnes et certaines choses se lient à nous de manière spontanée et inexplicable. Elles nous aident à nous exprimer, à nous réaliser [...]. La nouvelle Fiat, c'est aussi votre histoire.»

Le mythe de la DS chez Barthes s'enracinait dans une prouesse technologique: dans la souplesse de sa suspension, l'assemblage parfait et invisible des pièces, unies comme les membres d'un seul corps, qui faisait disparaître les jointures, les charnières. Trésor des transmissions invisibles. Dans le mythe de la Fiat 500, l'objet ne compte pas ou très peu.

La voiture n'est plus conçue comme un assemblage de pièces, mais comme le produit d'un accouplement homme-machine. La nouvelle Fiat 500 est une machine à remonter le temps et à raconter les époques, véritable boîte noire du demi-siècle passé.

Son site Internet est un atelier d'écriture destiné à recueillir les histoires des consommateurs. Une rubrique s'intitule «*Feelings of 500*». «Après avoir raconté ce que fut la Fiat 500, libérez maintenant vos idées pour raconter ce que vous imaginez et rêvez de faire avec la nouvelle 500 bientôt en ligne! Continuez à écrire avec nous et avec les autres internautes ce fascinant récit. Prenez la parole.» Pour Fiat, pas de doute: *You are a storyteller*. Vous êtes un conteur... Racontez votre moment Fiat. Votre sensibilité Fiat. Vos expériences Fiat. La nouvelle Fiat n'est pas un simple véhicule à conduire, elle propose une expérience à vivre.

«*My life, my Card*» (ma vie, ma carte), proclamait déjà le slogan de la campagne American Express. «Votre société a-t-elle une histoire originale à raconter?, interroge Christian Budtz, coauteur de *Storytelling: Branding in Practice*[1]. Une histoire si honnête, si captivante et si unique que nous soyons prêts à payer pour en faire partie?» Selon le futurologue danois Rolf Jensen, d'ici à 2020, le prochain stade fondamental de développement sera «la société du rêve», «une culture de la consommation qui racontera des histoires à travers les produits que nous achetons».

Une tendance du nouveau marketing mise en évidence par Tom Peters, auteur en 1997 d'un article resté célèbre, «The brand called You» (la marque qui porte votre nom), dans lequel il affirmait que «nous sommes appelés à devenir les consommateurs de nous-mêmes».

Finis les pin's, les porte-clés en tous genres et les autocollants. Le fétichisme de la marchandise prend des formes inédites. Sur son site Internet, Fiat propose carrément aux amoureux de la nouvelle *Cinquecento* de se faire une «tête de 500», pour reprendre le nom d'une rubrique du site, ouverte aux contributions des internautes. «Vous avez le type 500. Cela se voit sur votre visage. Choisissez le modèle que vous préférez. Et imitez-le avec une grimace. Une pose ou une expression caractéristique. Envoyez-nous la photo.»

Toutes les cinq cents heures, un cliché est choisi et, grâce à un logiciel de *morphing* (une technique d'anamorphose qui permet de passer d'une image à une autre), le visage de l'heureux élu est changé en… un fragment de Fiat 500!

1. Klaus Fog, Christian Budtz, Philip Munch, Stephen Blanchette, *Storytelling: Branding in Practice*, Springer, 2005.

Dans la partie galerie du site, on peut découvrir ainsi un homme qui distend sa bouche avec ses doigts jusqu'à se transformer en capot béant. Une adolescente exhibe fièrement son appareil dentaire avant de se muer en grille de calandre. Un Écossais de Glasgow aux couleurs de la firme Fiat finit encastré dans un logo. Le visage d'une jeune fille photographiée de profil s'allonge, comme pris de langueur, pour épouser la forme d'une roue surmontée d'un aileron jaune. Un visage de bébé, photographié par ses parents avec trois paires de lunettes sur les yeux et le front, se transforme en une voiture équipée de phares antibrouillard. Des couteaux se transforment en pare-chocs, des couettes de cheveux en capot ouvert, des yeux en pare-brise ou en rétroviseur… Les objets et les expressions sont emportés dans une mue qui transforme toute chose en son devenir-auto, une nouvelle genèse mythique sous les auspices de Fiat.

Le comble de cette « autogenèse » est atteint avec un concours destiné aux femmes enceintes : il leur est offert une Fiat 500 si elles programment leur accouchement pour le jour du lancement mondial de la Fiat 500. Pour illustrer ce challenge, le site présente un cliché d'échographie dans laquelle le fœtus est remplacé par l'image d'une Fiat 500 ! Le devenir-machine de l'humain est accompli.

Les « marketeurs » ont bien compris le message des altermondialistes. Pour eux, « la vie n'est pas à vendre ». C'est la marchandise qui est à vivre. « Les carrosseries, les ailes, les portières, les capots sont lisses, brillants, multicolores, écrivait déjà Robert Linhart dans *L'Établi*. Nous les ouvriers, nous sommes gris, sales, fripés. La couleur, c'est l'objet qui l'a sucée[2]. »

2. Robert Linhart, *L'Établi,* Minuit, 1978.

Le mythe de la jeune fille

« Oh la jeune fille ce réceptacle de sujets honteux scellé par sa propre beauté. »

Witold Gombrowicz, *Ferdydurke,* 1937.

C'est un peu comme si la jeune à fille à la perle de Vermeer retirait soudain ses boucles d'oreille et ses vêtements de domestique et sortait du cadre du tableau dans lequel elle était enfermée depuis si longtemps et s'en allait protester contre le *male gaze* de Vermeer qui l'avait héroïsée et figée dans son rôle d'éternelle jeune fille. Mais l'héroïne de Vermeer n'est qu'une représentation picturale, elle n'a pas d'existence réelle. Alors qu'Adèle Haenel, Vanessa Springora, Judith Godrèche, Isild Le Besco sont des êtres de chair et de mémoire qui déclarent avoir été victimes d'emprise, d'assujettissement, de manipulation, voire de viol, par des écrivains ou des metteurs en scène beaucoup plus âgés qu'elles, jouant les pygmalions, les pères de substitution et les tyrans domestiques. Elles se révoltent souvent avec une lucidité remarquable (lire *Le Consentement*[1] de Vanessa Springora ou les témoignages d'Adèle Haenel et de Judith Godrèche) non pas seulement contre des individus mais contre le système médiatique complice de ce commerce d'enfants sacrifiés au nom du grand mythe de la jeune fille porté à l'écran par la figure ambivalente de la *Lolita* de Stanley Kubrick, inspirée elle-même (et pervertie) par une lecture réductrice de son modèle, le roman éponyme de Vladimir Nabokov. Le roman date de 1955, le film de Kubrick de 1962 ; son succès mondial se développe dans les années 1970 et 1980 jusqu'à accéder au rang de mythe mondial.

« La jeune fille au cinéma ou les ravages d'un mythe », titrait en février 2024 le journal *Le Monde* dans une longue enquête qui dévoilait sous la figure mythique de la jeune fille les mécanismes d'une emprise exercée par des hommes plus âgés sur des enfants ou de très jeunes filles privées de leur libre arbitre. « En accusant Benoît Jacquot et Jacques Doillon d'agressions sexuelles, l'actrice Judith Godrèche a mis en lumière un mythe tenace dans la culture contemporaine : celui de la jeune fille modelée par son pygmalion. Depuis le film *Lolita,* de Stanley Kubrick, cette relation a irrigué de multiples œuvres, ouvrant la porte à de nombreux abus de la part de réalisateurs vus comme des créateurs tout-puissants. » Car toutes ces affaires ne sont pas solubles dans l'éther d'une permissivité liée à la révolution sexuelle de l'après-68, elles racontent une même histoire d'emprise et de dévoration au nom de la jeune fille

1. Vanessa Springora, *Le Consentement*, Grasset, 2020.

célébrée, adorée, portée aux nues. Elles montrent ce mythe en actes. Car s'il est difficile pour de très jeunes femmes de s'arracher à l'emprise d'un homme, il est encore plus difficile de se libérer de la prison d'un mythe.

La révolution #metoo est une révolution symbolique qui, à l'instar des révolutions politiques, déboulonne les statues des maîtres, jette à bas les portraits du roi, brûle les signes de la tyrannie. Mais si les révolutions politiques s'appuient sur les masses insurgées, la révolution #metoo ne peut compter que sur quelques voix, isolées et fragiles, et les icônes qu'elles brûlent, ce sont les images de leur propre adolescence ou de leur enfance, réifiées et mises en scène au cinéma ou dans les photos de mode. Ces images se sont comme détachées d'elles, elles parlent pour elles-mêmes. Ce sont des stigmates d'une blessure jamais refermée, les souvenirs d'un rapt d'enfance.

Sous la question morale et judiciaire qui doit se poser se profile la question anthropologique du mythe sans laquelle la libération de la parole des victimes s'expose à un futur *backlash* voire à des procès en diffamation comme cela a déjà commencé.

Quelle opération symbolique se joue dans ce mythe de la dévoration que racontent pourtant la fable du loup et l'agneau ou celle du chaperon rouge ? Sous l'emprise d'un homme se profile l'ombre grandissante du mythe qui légitime cette emprise et lui donne force et attractivité. La question ne se pose pas seulement en termes de culpabilité individuelle. Elle concerne toute la société. La violence exercée contre de très jeunes personnes est enracinée dans des rituels et des jeux de séduction entretenus par les machines à raconter du cinéma et les images de la mode. Car le mythe déborde de toutes parts la parole courageuse et libératrice de celles qui furent assujetties non seulement par l'autorité patriarcale viriliste et la violence de leurs maîtres, mais par les sortilèges du mythe de la jeune fille devenu omniprésent dans la culture des années 1980. Comment échappe-t-on à un mythe ? Comment se soustraire à l'emprise d'un mythe sinon en le déconstruisant ?

Kate Moss fut à la fin des années 1980 l'incarnation de ce mythe de la jeune fille qui révolutionna l'univers de la mode. À 14 ans, son innocence juvénile bouleversa les codes du glamour et imposa d'emblée une figure appelée à devenir l'icône d'une génération pendant deux décennies. « Tout le monde disait : "Montrons nos seins et marrons-nous. Soyons plus réels et ne grandissons pas trop vite. Et prenons du plaisir." » Trois décennies plus tard, Kate Moss exprime dans une interview accordée au *Reader's Digest* une vision très différente de ses débuts dans le mannequinat. « C'était très commun à mon époque et l'est encore aujourd'hui. Certains photographes voulaient bien travailler avec vous seulement si vous acceptiez de poser nue. [...] Il y a eu de nombreux shootings à mes débuts où je me suis sentie terriblement mal à l'aise. » Si elle a longtemps tu les violences présentes dans l'industrie de la mode, Kate Moss a rejoint le #metoo de la mode aux côtés des mannequins qui ont dénoncé plusieurs photographes de mode tels Terry Richardson, Bruce Weber, Mario Testino et le désigner Alexander Wang.

En 2009, le musée des Arts décoratifs de Paris avait le projet d'organiser une exposition intitulée « Le mythe Kate Moss ». L'exposition fut annulée faute de financements mais la question demeure. Peut-on parler de mythe à propos d'un mannequin ? A-t-elle sa place aux côtés des Marilyn Monroe, Greta Garbo ou Audrey Hepburn par exemple ou au contraire se différencie-t-elle de ces figures que le cinéma hollywoodien a rendues universelles ? Quel est donc ce mythe ? S'agit-il seulement de notoriété ? Quelle opération symbolique se joue à travers cette construction d'un mythe collectif ? Pour répondre à cette question, il faut prendre la mesure de la rupture que Kate Moss incarne au début des années 1990 dans l'univers ultra-codifié de la mode mais plus généralement dans la culture populaire qui mêle la mode, la musique, les vidéoclips, la photographie, les arts plastiques…

Sur les premières images qu'on connaît d'elle, elle fait figure d'une apparition. À 14 ans, sa spontanéité et son innocence imposent d'emblée non pas un nouveau look comme on a pu le dire mais une figure qui va devenir l'icône d'une génération et incarner un nouveau visage du mythe de la jeune fille…

Ici, elle court, un bonnet de bain sur la tête, vêtue d'un short bleu marine avec des bandes blanches sur les côtés… Là, elle s'avance en cachant maladroitement sa nudité, un bras couvrant ses seins, l'autre pressant un grand chapeau de paille sur son pubis, comme une baigneuse qui sort de l'eau en courant pour se sécher… La suivante est quasiment identique, seul l'angle change… Sur une autre photo, elle est assise sur le sol, vêtue d'une jupe en raphia qui découvre ses jambes nues, elle rit encore mais différemment, comme si on venait de la pousser – pudeur ou fou rire de fille en vacances… Ici elle est adossée à un mur, pensive les bras croisés, un gilet vintage sur la peau ; elle fume, à la manière des adolescents, avec sérieux et application, comme si fumer était une activité à part entière… Sur cette autre photo, elle s'avance vers l'appareil, un long collier sur ses seins nus, les yeux plissés par trop de lumière… La suivante cadre étroitement son visage couvert de taches de rousseur ; mais elle ne rit plus : elle fixe gravement l'objectif d'un regard soudain lesté d'inquiétude ou est-elle simplement soucieuse de ne pas décevoir celui ou celle qui la photographie… Enfin, voici la plus célèbre de ces photos, celle qui fit la une du magazine *The Face* : coiffée d'une parure d'Indien, le nez froncé, elle rit, tout étonnée d'être là, les seins à l'air, sur une plage battue par les vents, alors qu'à cette heure elle devrait être au collège…

Sur ces photos de la photographe Corine Day publiées à l'été 1990 dans *The Face*, un magazine qui se voulait la tête chercheuse des nouvelles tendances musicales et esthétiques, Kate Moss apparaît sans masque ni maquillage, avec une naïveté enfantine qui transparaît dans ce rire un peu forcé qui lui fronce le nez et qui est sans doute le fruit de son inexpérience, mais aussi le choix de la photographe Corinne Day. « Je voulais juste la photographier pour elle-même, réaliser un documentaire sur elle. Et rendre visibles dans la photo son personnage et sa présence. »

Qu'a-t-elle de si fascinant pour qu'un styliste comme Marc Jacob, qui ne connaît même pas son nom à l'été 1990, punaise alors dans son atelier la couverture de *The Face* avec sa photo torse nu, sa coiffe d'Indienne et son rire un brin crispant ? Est-ce l'indétermination d'une anatomie d'enfant où percent déjà les signes de la féminité, ou l'ambiguïté sexuelle d'une morphologie androgyne que la mode et le cinéma cultivent depuis l'après-guerre ? Kate Moss est-elle une réincarnation de la *Lolita* du roman de Nabokov et du film de Kubrick (1962), ou celle de Twiggy, le mannequin filiforme repéré dans un salon de coiffure en 1966, célèbre pour sa maigreur : à 16 ans, elle pesait 41 kg (« Écoutez c'est Twiggy qui passe », chantera Laurent Voulzy) ?

Moss incarne un nouvel âge mythologique, celui de la femme-protée. Ce n'est donc pas le visage, immuable dans sa perfection, ni sa personnalité dans sa singularité, qui joue un rôle dans la construction de sa légende médiatique, mais c'est sa capacité à se transformer. De son enfance dans une banlieue médiocre (la fille de Croydon) à « sa découverte » à 14 ans par Sarah Doukas, son agente, à l'aéroport JFK (véritable scène de Visitation) ; des premières années de vache maigre à la construction méthodique par la photographe Corinne Day de la figure « *The Waif* » dans les « éditoriaux » de magazines comme *The Face* et *Harper's Bazaar*, jusqu'à son entrée dans le circuit des super-modèles où elle devient l'« égérie » des grandes marques (Calvin Klein, YSL, H&M, Chanel, Burberry...), la légende de Kate Moss expose une étourdissante succession de portraits. À travers un parcours accidenté, rehaussé d'épisodes tumultueux (ses amants célèbres, Johnny Depp, Pete Doherty), interrompu de cures de désintoxication, de polémiques sur sa conduite addictive et de scandales à la une des tabloïds, on assiste à la construction d'une légende qui en dit moins sur la réelle personnalité de Kate Moss que sur l'écriture d'un mythe collectif...

De 1988 à 1992, Kate Moss entre progressivement dans le circuit des fashion weeks et deviendra à partir de 1991 une habituée des présentations de collections à New York, Paris et Milan. Mais à cette époque, elle se consacre surtout à réaliser des « éditoriaux » avec la complicité des plus grands photographes de mode, qui raffolent d'elle parce qu'elle excelle dans ces jeux de rôle. Kate-la-crevette, aussi fine qu'une lettrine de magazine, va révéler une personnalité caméléon qui deviendra sa marque de fabrique. « Elle est totalement concentrée, totalement disponible, elle s'offre énormément », dit le Belge Willy Vanderperre qui la transformera en 2005 en icône androgyne portant chapeau et cravate pour le magazine *Another Man*. Tous ceux qui ont travaillé avec elle se souviennent encore des années après de cet extraordinaire talent qui fait d'elle « une actrice plutôt qu'une modèle » selon le styliste Stefano Gabbana. Elle est capable d'interpréter des types de femme.

Avec elle, le corps du mannequin acquiert des propriétés nouvelles, la ductilité et même la volatilité. Pour Calvin Klein qui va en faire son égérie, elle incarne un parfum « Obsession » et possède le même pouvoir d'évaporation que lui. Le sculpteur Marc Quinn la fait poser pour une sculpture de glace destinée à fondre en quelques mois. « C'est la métaphore parfaite de la façon dont nous consommons sa beauté, à mesure que la glace fondra, Kate s'évaporera dans la galerie et les gens pourront littéralement la respirer… »

Ce que célèbre le nouveau mythe de la jeune fille, c'est sa malléabilité, sa ductilité et sa docilité. Innocence et flexibilité. Page blanche de l'innocence. Flexibilité d'un corps androgyne. La femme-enfant est ouverte à tous les possibles. Son surnom de « brindille » le dit assez : elle est l'emblème de la flexibilité, de l'échangisme, du transformisme, les idéaux-type du nouveau capitalisme des années 1990. La « beauté » des organisations consiste désormais à présenter des signes de changement. « Quelles valeurs et quelles pratiques peuvent souder les gens quand les institutions dans lesquelles ils vivent se fragmentent ? Comment gérer les relations à court terme tout en migrant sans cesse d'une tâche à l'autre ? Comment acquérir les nouvelles compétences ? » La réponse selon Richard Sennett qui formule ainsi les paramètres de la culture du nouveau capitalisme, c'est « un nouveau moi, axé sur le court terme, focalisé sur le potentiel, abandonnant l'expérience passée… ». C'est un portrait qu'on peut juger bien abstrait. Kate Moss va lui donner son visage et son corps.

Le quotidien britannique *The Guardian* peut bien s'étonner qu'on s'acharne à portraiturer une figure aussi « creuse », ce n'est un paradoxe qu'en apparence. Car c'est ainsi qu'on peut donner forme et vie sans cesse à de nouveaux personnages. Lorsque Kate Moss évoque ses défilés pour John Galliano, elle en parle comme le ferait une actrice endossant un rôle: « C'était fabuleux. John vous dit le personnage que vous devez incarner, vous entrez dedans parce qu'il y met tant d'énergie. » Et quel que soit le photographe ou le couturier pour lequel elle pose ou défile, elle prendra l'habitude de demander avant chaque séance: *What is the story?* Quel est le scénario? « Je n'aime pas poser en étant juste moi. J'aime bien être transformée en quelqu'un de différent. J'aime devenir quelqu'un d'autre. Dans une photo, c'est difficile d'être soi-même. Mais quand vous faites semblant d'être quelqu'un d'autre, c'est plus agréable. »

À la fin du XXe siècle, la révolution néolibérale qui triomphe à l'échelle mondiale a engendré la demande d'un individu nouveau: flexible, adaptable aux circonstances, faisant un usage stratégique de lui-même et poussant l'expérimentation de soi jusqu'à la fracture. Dans ses cours au Collège de France en 1979, Michel Foucault avait pressenti ce fait majeur, à savoir que le néolibéralisme n'appréhende pas les individus comme des consommateurs, mais comme des producteurs et que l'*homo œconomicus* néolibéral n'est plus un simple partenaire de l'échange mais devient l'entrepreneur de lui-même. Dès lors, le défi lancé aux individus n'est plus de « rester soi-même » dans un environnement changeant, mais de changer sans cesse et de s'adapter aux circonstances fluctuantes de la vie. Une obligation susceptible d'être acceptée comme une nécessité économique à condition d'apparaître aussi comme un fait culturel, une nouvelle mode ou un roman.

Kate Moss va offrir pendant deux décennies son corps de brindille, effilé jusqu'à l'os (la métaphore est de Karl Lagerfeld) et son âme de caméléon à toutes les tendances de l'époque, femme-enfant, *waif*, *grunge*, *heroin chic*… Côté pile, on vante son transformisme. Côté face, elle se laisse dévorer.

Le sculpteur Marc Quinn la représente dans une position de contorsionniste ou de yogi aux bras et aux jambes entrecroisés qui représentent, selon lui, les visions déformées qui sont imposées à ce personnage emblématique, aussi bien par les médias que par nos désirs inconscients. Cette sculpture, intitulée *Sphynx*, est la plus grande statue en or massif réalisée depuis l'Égypte pharaonique. Exposée au British Museum en 2006, elle modélise une Kate Moss agile, flexible, malléable jusqu'au transformisme. « C'est le portrait d'une image déformée par notre désir collectif, a expliqué Marc Quinn. C'est un miroir de nous-mêmes, une Vénus attachée de notre époque. Elle dévore et se laisse dévorer. « J'ai épousé une vamp, pas un vampire », disait Arthur Miller pour se moquer de Marilyn et de ses tendances autodestructrices. Il analysait le phénomène Marilyn comme « la rencontre d'une pathologie individuelle et de l'appétit insatiable d'une culture de consommation capitaliste ». Une rencontre qu'il qualifiait de « mystère » mais aussi d'« obscénité »… Définition qu'on peut étendre aisément à Kate Moss.

À travers sa capacité à incarner tous les rôles, ce qui est mis en scène, c'est une opération de dévoration symbolique.

Son baptême du feu est un show de John Galliano à la Fashion Week de Paris en 1992, quelques mois seulement après avoir fait la une de *The Face*... Il faut imaginer Kate Moss perdue au milieu de la noria des mannequins ; les couturières, aiguilles entre les dents, ajustant sa crinoline bleu pâle à rayures, pendant que les coiffeurs saupoudrent ses cheveux de talc. C'est son premier défilé à Paris. Elle a 15 ans, un corps osseux d'adolescente qui lui vaudra le surnom de « brindille » ou de « crevette », et ne mesure qu'un mètre soixante-dix, une petite taille comparée aux top models qui tournoient autour d'elle, les Naomi Campbell, Linda Evangelista ou Christy Turlington, qui la dépassent d'une bonne tête...

Tout lui semble hors d'atteinte, démesuré : « Je devais aller toute seule sur le podium. Il me semblait interminable, aussi long qu'une piste d'aéroport. » La collection printemps-été 1990 de John Galliano est inspirée par la fuite d'Anastasia, la fille cadette du tsar Nicolas II. Au moment de s'élancer sur le podium, Galliano lui dit : « Tu es poursuivie par les loups... » Et Kate, applique la consigne à la lettre : bravant les conventions, elle se met à courir « comme une dératée », dira Galliano. « On n'avait jamais vu une crinoline voler comme ça sur un podium ! » Kate Moss est poursuivie par les loups. Mais qui sont ces loups ? Les loups des fables qui expriment le fantasme de la dévoration et dont les agneaux ou les chaperons rouges doivent se méfier. Est-elle vraiment poursuivie par les loups ou se jette-t-elle au-devant d'eux, ceux qui sont disposés de part et d'autre du podium, les photographes qui la mitraillent.

Tous les éléments constitutifs du mythe sont ici réunis : la fuite d'Anastasia, la fille du tsar, elle-même figure de la disparition de toute la famille, assassinée par les bolcheviks en 1918. La course de Kate Moss qui rejoue la fuite d'Anastasia, auréolée de strass et de crinoline. La dévoration du mannequin offert aux appareils des photographes et à l'appétit des habitués de la Fashion Week, avides de nouveaux modèles de représentation, lecteurs de nouveaux codes à déchiffrer, de nouveaux corps à habiller.

À la fin des années 1960, Roland Barthes définissait la mode comme un univers dénué de toute narration, sans intrigue ni personnage. Dans la mode, écrivait-il, « on ne voyage qu'avec son mari ». La mode était alors un univers, nous dirions aujourd'hui une « bulle », soumis à « une étrange « loi d'euphorie », où défilaient des mannequins silencieux, les sentinelles du style. Voici comment Barthes décrivait la figure du mannequin : « Elle ne connaît pas le mal, à aucun degré que ce soit. Pour n'avoir pas à traiter de ses fautes et de ses drames, la mode ne parle jamais d'amour, elle ne connaît ni l'adultère ni la liaison, ni même le flirt. » Ce tableau charmant d'un univers sans histoire ni drame n'a pas grand-chose à voir avec l'enfer que va devenir la mode trente ans plus tard.

Au début des années 1990, la mode sort de ses gonds et va mettre à rude épreuve les standards du glamour. Kate Moss est tout à la fois la victime et l'égérie de cette révolution, un avatar de la Béatrice de Dante qui nous introduit dans l'enfer de la mode, une Béatrice punk, un peu ivre et déjantée, plongée dans le désordre du monde. La « loi d'euphorie » qui régissait selon Barthes l'univers de la mode cesse de s'appliquer. Elle cède la place à une « loi du discrédit » qui bouleverse les standards en vigueur de la beauté.

Ce ne sont pas seulement le sexe et ses péchés véniels (« l'adultère, la liaison, le flirt ») qui envahissent l'univers de la mode, mais l'anorexie et la drogue qui menacent la vie et la santé des adolescentes. Un bouleversement des canons de la beauté qui associent les signes de la beauté aux stigmates de la maigreur extrême et de la drogue… Le 7 mai 1997, le président des États-Unis, Bill Clinton, est contraint, à la suite du décès par overdose d'un photographe de mode, Davide Sorrenti (le frère de Mario, l'ancien *boyfriend* de Kate Moss), de faire une déclaration solennelle : « La glorification de l'héroïne n'est pas créative, mais destructrice. Ce n'est pas beau, c'est laid. Ce n'est pas de l'art, c'est une question de vie ou de mort. Et glorifier la mort n'est bon pour aucune société. » Et il ajoutait, à l'intention des industriels de la mode : « Vous n'avez pas besoin de "glamouriser" l'addiction pour vendre des vêtements. »

Un an plus tôt, le 7 mai 1996, la critique de mode du *New York Times* affirmait que les années 1990 resteraient dans les mémoires comme « la décennie pendant laquelle la mode a servi de dealer pour les drogués les mieux habillés de l'histoire ». Dénonçant le « look décadent » de la décennie, illustré par les figures successives du *grunge*, de l'enfant des rues (*waif*) et du look d'héroïnomane (*heroin-addict*), elle constatait :

« D'autres tendances de la mode ont disparu. [...] Mais le chic héroïnomane [...] résiste avec la ténacité d'une addiction. »

Au cours des années 1990, Kate Moss va incarner successivement la jeune fille *grunge* qui popularise les attitudes et les images du désarroi de la génération X, présentes par exemple dans le film de Gus Van Sant, *Last Days,* inspiré des derniers jours de Kurt Cobain, ou dans le roman éponyme[2] de Douglas Coupland sorti en 1991. Égérie de Calvin Klein, elle est projetée au centre des polémiques médiatiques de l'année 1993 lorsqu'on l'accuse d'encourager l'anorexie chez les jeunes filles ou de glamouriser l'addiction, jusqu'à ce qu'Anna Wintour sonne la fin de la récréation et congédie les cheveux sales, les pulls troués, les petites robes portées avec des baskets pour restaurer ce qui fait vivre l'industrie, c'est-à-dire le glamour. Moss, bien conseillée, troquera ses baskets pour des stilettos, et confiera désormais sa frimousse de rebelle aux coiffeurs et aux maquilleurs. Lorsque Tony Blair choisira de changer l'image de la vieille Angleterre, elle se fera photographier drapée dans l'Union Jack et deviendra aussitôt l'égérie de la *Cool Britannia* et la muse des *Young british artists* (*YBAs*). Kate Moss incarne alors au début des années 2000 l'idéologie du New Labour qui fait de la jeunesse et de la classe moyenne la force principale du changement social. Dans le nouvel imaginaire travailliste, la *factory* d'Andy Warhol éclipse l'« usine » de Karl Marx.

2. Douglas Coupland, *Génération X,* Robert Laffont, 1993.

Avec Kate Moss, on passe non seulement du sacré au profane, mais du profane à la profanation. Les multiples scènes de transgression – du saccage des suites d'hôtels de luxe avec Johnny Depp aux images volées de prises de drogues avec Pete Doherty, des soirées interminables des fashion weeks à boire et à traîner avec les copines mannequins jusqu'à ces fêtes orgiastiques, rapportées ou rêvées par les tabloïds, comme celle de son trentième anniversaire où on la décrit en prêtresse païenne et défoncée –, toutes ces images font partie du soi-disant look *rock'n roll* de Kate, mais elles ont pour fonction de construire son mythe sur la profanation d'une image d'innocence et de pureté. Kate Moss élève au rang de mythes les maux de l'époque, la drogue et l'anorexie. Tom Ford, le directeur créatif de Gucci, définissait ainsi le look *heroin chic* : « L'objectif est d'avoir l'air d'avoir tout vu, tout expérimenté, voyagé partout. C'est un look intimidant et la drogue est le prolongement de tout ça. Si vous donnez l'impression que vous avez passé la nuit dehors, cela fera apparaître toutes ces images sur votre tête. »

L'innocente Kate de 14 ans est plongée dans l'univers de l'addiction et de l'anorexie. Elle glamourise la chute et l'envol. Rejoue sans cesse le scénario d'une disparition et d'une réapparition. Mais elle ne renaît pas de ses cendres, elle réapparaît sous la forme d'un hologramme qu'Alexander McQueen fait danser dans un envol de voiles et de chiffons sous la pyramide du Louvre. Le titre de cette performance présentée à la fin de la présentation de sa collection automne-hiver 2006 résonne comme un aveu : *The Illusion of Kate Moss*.

La mode devient ainsi le laboratoire d'un nouvel idéal d'individu : le sujet fashion que Peter Sloterdijk qualifie d'individu « designer de soi » modelable à loisir, capable de se styliser, de se relooker sans cesse, de s'intensifier jusqu'à la fracture...

À la beauté comme « substance » et « identité » des Garbo ou Monroe se substitue une beauté donnée comme « changement perpétuel ». Et Kate Moss est son modèle. Elle incarne une véritable femme-stratège, l'archétype de l'individu des années 2000. Soumis à une loi immanente d'autovalorisation de soi selon laquelle la valeur n'est plus extérieure à l'individu mais est tissée de ses actes et de ses tactiques. « Pour captiver les autres, il faut être "captif de soi-même" », avoue le personnage de Jackie Kennedy dans le récit d'Elfriede Jelinek, *Drames de princesse*. Elle dit aussi : « Il faut être otage de soi-même.[3] »

La mode devient ainsi un laboratoire social où l'on fabrique de nouveaux idéaux-types humains, des androïdes mi-chair mi-vêtements, des corps hybrides, des avatars, des femmes-machines.

L'imaginaire du cyborg inspire désormais les collections de haute couture de la fin des années 2000, signées par Alexander McQueen, Rei Kawakubo ou Gareth Pugh qui ne se contentent plus d'habiller des modèles, mais qui les font muter : femmes girafes, femmes cyborgs avec leur chevelure qui ressemble à des nageoires, chaussées de sabots couverts de mousses... Un anthropomorphisme qui flirte avec la mystique et la religion.

3. Elfriede Jelinek, *Drames de princesses*, L'Arche, 2006.

Oliviero Toscani a illustré pour Benetton ce croisement de la mode et de la religion en mettant en scène le baiser provocateur d'un ecclésiastique et d'une religieuse (*Kissing nun*). Après les années *grunge*, le style « monastique » a imposé les croix et les robes de bure sur les podiums. En 1994, Karl Lagerfeld était allé jusqu'à imprimer des versets du Coran sur une robe de Claudia Schiffer. Anna Wintour est la théologienne de cette religion du fashion. À chaque automne, son encyclique, « The september issue », décrète la tendance de la saison et va parfois jusqu'à excommunier les hérétiques comme la pauvre *waif* en 1993 au nom du glamour. Lagerfeld a tout du prélat pontifical. La photographe Sam Taylor-Wood a mis en scène Kate Moss, debout devant un porche d'église, la tête voilée, une larme au coin de l'œil, dans une posture mystique digne de Madonna.

Kate Moss a achevé sa mue. Sous l'innocence de la jeune fille est apparue l'icône *trash*, qui fascine autant qu'elle inquiète, modelée et dévorée par les loups de la mode et de la publicité ; tout à la fois mère et putain, pythie et pécheresse, fée qu'on invoque et sorcière qu'on s'attend à voir brûler. Une prescriptrice des nouvelles modes et une exorciste qui convertit la transgression en légende et le scandale en notoriété. Elle joue et nous invite à jouer des rôles clivés par le discrédit et à poursuivre, dans un monde peuplé de miroirs et d'écrans, la quête d'une notoriété sans exploit ni accomplissement. La voie est libre pour les Kardashian…

La *sextape* de l'Écrivain

Le phénomène de la *sextape* qui consiste à rendre publique une vidéo érotique ou pornographique d'une célébrité à son insu ou avec sa complicité n'a cessé de prendre de l'importance depuis le début des années 2000 avec l'essor du smartphone. La diffusion de la *sextape* de Paris Hilton en 2003, puis celle de Kim Kardashian en 2007 ont dopé leur notoriété sur Internet et à la une des magazines ou des émissions de télé-réalité.

La *sextape* est la voie royale de la célébrité sur Internet. Après le showbiz, la mode, elle s'est étendue au sport (affaire Valbuena-Benzema), à la politique (elle a fait une incursion jusqu'au Sénat). Son succès est tel que les Guignols, l'émission satirique de Canal+ feront de Dominique Strauss-Kahn en peignoir léopard l'une de leurs plus célèbres marionnettes. Le phénomène de la *sextape* ne relève pas du porno au sens strict, il est le produit du mariage du porno et de la télé-réalité. Il crée l'illusion que la télé-réalité permet un accès direct à l'intimité d'une star. Il est un vecteur de célébrité, un instrument de chantage, une arme politique de déstabilisation. Il apporte l'aura de l'infamie.

Dans la *sextape*, ce n'est pas l'image pornographique en soi qui fait scandale. C'est la chronique de sa révélation, les modalités de sa publication, le consentement des protagonistes, le soupçon qui pèse sur leur complicité. Comme dans la téléréalité, il s'agit de projeter de l'intime dans l'espace public, tout en faisant planer sur ce dévoilement l'énigme du consentement des protagonistes. Spontanéité ou stratégie ? C'est ce qui différencie la *sextape* du striptease. Le striptease est une exhibition volontaire, soumise à des rites de retardement. Le consentement de la stripteaseuse ne fait pas de doute, elle est maîtresse de sa performance, elle en contrôle le rythme, joue de ses étapes, maîtrise le suspense de son dévoilement. Dans la *sextape*, tout est donné d'emblée, filmé au smartphone, le plus souvent dans un style spontané, amateur (pour faire plus vrai). La *sextape*, c'est un flux d'images mal éclairées, mal cadrées, dénuées d'érotisme. Ce qui en fait le prix et tout l'intérêt, c'est la personnalité des acteurs, leur capital médiatique, le lieu des ébats, le sous-texte qui accompagne les images. Qui en est l'auteur ? Quelles en sont les victimes ? Les complices ? Qui a autorisé leur diffusion et selon quel mode opératoire ? Les protagonistes de l'affaire ne peuvent être que des complices ou des cambrioleurs. De simple support vidéo, la *sextape* acquiert le statut de pièce à conviction, d'indice qu'il faut faire parler. Dans la *sextape,* c'est l'extorsion, réelle ou simulée, qui est au cœur du drame, une histoire de vol et de duplicité, de proximité et de trahison. Comme dans le confessionnal dans les émissions de télé-réalité, l'intime devient public, la frontière s'efface entre la vérité et le mensonge, l'aveu et le simulacre, ils se mettent au service l'un de l'autre. La télé-réalité se donne à lire comme l'usage stratégique de l'intimité. La *sextape* le porte à son paroxysme.

Le 14 février 2022, *Libération* consacrait sa une et un dossier de quatre pages à Michel Houellebecq. Quelle actualité lui valait une telle attention ? Avait-il publié un roman ou déclenché une nouvelle polémique sur l'islam ? Était-ce l'auteur récemment écarté du prix Nobel qu'on célébrait, lui offrant une sorte de compensation, ou l'« islamophobe à temps partiel » (selon ses propres termes) qui s'était illustré encore récemment en faisant l'éloge du « grand remplacement » et en agitant le spectre de futurs « Bataclan à l'envers » dans la revue de Michel Onfray *Front populaire* ?

Le titre de *Libération* ne laisse aucun doute, « Michel Houellebecq, histoire d'une dérive » : « Entre réelle dérive identitaire, posture *trash* et provoc calculée, plongée dans l'univers et la psyché d'un romancier qui joue les incendiaires dans le débat politique. »

Mais cette fois Houellebecq avait ajouté un ingrédient à l'ordinaire de ses provocations. Une *sextape*. Pour les besoins d'un film à prétention artistique, l'auteur s'exhibait dans un film porno ! Extension du domaine de la transgression. Car la transgression est soumise à la loi des rendements décroissants. Son pouvoir de transgression s'émousse à la longue. Il faut choquer toujours davantage. Faire grimper les enchères.

En réalisant une *sextape*, Houellebecq était assuré de provoquer un scandale à la hauteur de sa réputation. Mais comment s'y prendre ?

L'histoire est racontée par l'épouse de l'écrivain. « Michel était déprimé, on devait partir au Maroc, raconte son épouse Lysis. J'avais tout organisé, prévu des filles pour lui et le voyage a été annulé en raison des menaces islamistes. » Le lien avec l'islam honni n'est pas tout à fait perdu. Houellebecq était annoncé à Casablanca dans un café littéraire, mais un ami policier l'a alerté : « Attention, ça peut finir comme Salman Rushdie. » La référence à l'auteur des *Versets sataniques* n'est pas anodine. Elle inscrit la *sextape* de Michel Houellebecq dans cette « aura érotique » que Rushdie évoquait un jour en plaisantant à propos de la fatwa.

Stefan Ruitenbeek, un vidéaste hollandais habitué des *sextapes* politico-pornographiques, vient alors à son secours aussi rapide qu'une escouade de policiers de la Special Branch. Son arme, c'est la *sextape*. Les Houellebecq avaient vu un de ses films, consacré à une scène de sexe entre une étudiante en philosophie et un leader d'extrême droite. Le vidéaste se vantait alors de connaître beaucoup de filles à Amsterdam qui voudraient coucher avec Houellebecq par curiosité « à condition d'être filmées ». Aussitôt dit, aussitôt fait. Rendez-vous est pris par l'épouse dévouée au studio parisien de l'écrivain, dans le XIIIe.

« Houellebecq était tout *down*, raconte le réalisateur. Puis je l'ai vu s'éveiller, renaître, il a parlé et fait l'amour pendant trois heures devant ma caméra. C'était génial. »

Stefan Ruitenbeek ne tarit pas d'éloge sur la performance de son acteur. « Au lit il est très bon, il baise comme un fou, il est vraiment viril avec les femmes. Je ne m'attendais pas du tout à ça. Je pensais qu'il allait jouir en 3 minutes mais il a baisé pendant des heures. C'était incroyable, on a fait beaucoup de positions, des pipes, des cunnis. C'est un vrai mec. Il est très énergique. » Voilà l'écrivain plutôt chétif crédité des performances érotiques d'un Rocco Siffredi ! Vertus de la *sextape* qui revigore mieux que le Viagra ! Mais ce n'est pas tout. Car l'écrivain ne fait pas don seulement de sa semence, il répand son savoir, sa philosophie.

> « En tout, nous avons tourné 6 jours entre Amsterdam et Paris. Il n'y a pas que des scènes de sexe dans ce film. Houellebecq parle de philosophie avec les filles entre les scènes, on est allés au restaurant, etc. En tout 4 femmes ont couché avec Houellebecq. Sa femme Lysis était également présente durant toute la durée du tournage. Elle n'hésita pas à se mêler aux ébats, allant jusqu'à jouer le rôle d'"assistance sexuelle" pendant les agapes ; elle apportait des boissons au cours du tournage, mettait à l'aise les filles, leur prodiguait des conseils », apprend-on dans le magazine *Vice*.

Kim Kardashian a pu compter dans sa carrière sur les conseils de sa mère, surnommée la « momager » (à la fois mère et manager) qu'on soupçonne même d'avoir négocié les droits mondiaux de la *sextape* de sa fille. Houellebecq peut compter sur son épouse ; elle est à la fois la productrice et la scénographe de ces ébats, la coach et l'assistante sexuelle, son agente et son double. Il y a là plus qu'une analogie. La vidéo de Houellebecq s'inscrit dans un phénomène qui va bien au-delà de la banale pornographie. C'est une performance qui obéit aux lois du genre. Elle doit être extorquée.

Dans un courrier envoyé au réalisateur, dont l'AFP a eu connaissance, Michel Houellebecq évoque « la déflagration de violence » de la bande-annonce, « qui porte atteinte de manière irrémédiable à [sa] vie privée, [son] honneur mais surtout, ce qui est plus grave encore, à [sa] femme, dévastée par les mensonges » diffusés sur elle. Pourtant le couple semblait consentant. Ils apparaissent comme des coproducteurs de la performance. Pourquoi se ravisaient-ils soudain ? Rien d'étonnant à cela. Le phénomène de la *sextape* est indissociable de l'idée de vol, d'une extorsion. La *sextape* se doit d'être volée, arrachée à ses acteurs. C'est une valse à trois temps : 1. faire fuiter une *sextape* ; 2. tenter de la faire interdire ; 3. contrôler sa diffusion sur les réseaux sociaux et s'assurer ses gains symboliques en retour. Cela suppose qu'on s'y livre avec réticence voire contre son gré. C'est un flash d'intimité ; pas un strip-tease ou une scène porno. Son origine doit être mystérieuse pour fonctionner comme *sextape*, sinon elle retombe dans l'univers prévisible du porno.

Aux antipodes des Pynchon et autres Salinger qui avaient élevé leur disparition médiatique au rang d'un mythe littéraire planétaire, Houellebecq fait le chemin inverse ; il pousse l'exhibition de soi à son comble, il profane le mythe de l'écrivain *deus ex machina* (invisible et présent partout à la fois), en plongeant le corps de l'écrivain dans l'univers banalisé des réseaux sociaux, en le rendant hyper visible jusqu'à l'obscénité.

En acceptant ce jeu ambigu, Michel Houellebecq précipite la littérature dans l'univers de la fan culture dont le phénomène de la *sextape* constitue une sorte de rite de passage, de performance inaugurale ou de bizutage. Son quart d'heure de célébrité porno. Le recalé du Nobel tient sa *revenge porn*[1]. Il crée un nouvel univers littéraire qu'on pourrait baptiser « l'it-térature » qui obéit aux mêmes lois que la fan culture. Il ne se contente pas d'imiter les *it-girls* qui ont depuis les années 2000 bouleversé les lois de la légitimité, devenues des marques sans contenu, simplement connues pour être connues. Il est le premier *it-man* de l'histoire littéraire, il inaugure une nouvelle mythologie du grand écrivain, l'it-térateur : Michel Kardashian Houellebecq.

1. Le *revenge porn* consiste à se venger d'une personne en rendant publiques des vidéos pornographiques de cette personne.

6.
Offuscation

« Offusquer : Empêcher de voir en dérobant à la vue ou en éblouissant. »

Dictionnaire de l'Académie française.

La nuit perdue

Il suffit de contempler les images nocturnes de la Terre vue du ciel pour constater l'empire grandissant de l'électricité. Constellations urbaines, fleuves lumineux des autoroutes qui irriguent le territoire comme un vaste réseau sanguin… Dans les villes éclairées jour et nuit, les humains ont perdu l'habitude de voir les étoiles. Seule une personne sur cinq en Europe peut voir de chez elle le spectacle de la Voie lactée. La nuit est-elle en train de disparaître ?

Depuis l'apparition de la première ampoule électrique, l'électricité a progressivement colonisé le continent de la nuit. La lumière des lampadaires, les néons des panneaux publicitaires, l'éclairage 24 heures sur 24, 7 jours sur 7, des vitrines, ou les phares des voitures qui ont fait reculer les frontières de la nuit réduisent son espace à des îlots encore préservés, des réserves qu'on contemple avec nostalgie.

L'expansion du monde urbanisé qui est rendue visible par ses traces lumineuses sur les images par satellite constitue l'un des symboles les plus puissants de l'Anthropocène. Des chercheurs en Europe et aux États-Unis ont montré que les lampes mal orientées et d'une puissance excessive sont équivalentes à la trace carbone de près de 20 millions de voitures, une pollution lumineuse qui augmente d'au moins 2 % par an à l'échelle globale.

Les effets de cette pollution lumineuse se font sentir partout. Les bébés tortues se perdent sur les plages des zones balnéaires, trop éclairées par l'électricité et meurent par milliers faute de pouvoir atteindre la mer, guidés par la lumière de la Lune. Sur les plages de Crète, les vacanciers entourent leurs nids de petites clôtures en bois pour les protéger et tracent leur chemin vers la mer pour orienter les nouveau-nés aveuglés par la lumière nocturne. Les rituels d'accouplement des récifs de corail corrélés avec le cycle lunaire sont empêchés par l'excès de lumière terrestre. Des oiseaux, dont l'horloge biologique est perturbée, se mettent à chanter en pleine nuit. Les oiseaux migrateurs désorientés s'égarent dans les villes ou s'écrasent contre des mâts, des tours ou des phares. Chaque année, ils sont un million à voler en cercle autour des colonnes lumineuses des anciennes tours jumelles du World Trade Center, à New York, à l'occasion des commémorations de l'attentat. Des millions de sauterelles envahissent la ville de Las Vegas, attirées par les innombrables néons. Le faisceau lumineux de l'hôtel-casino Luxor, le plus puissant d'Amérique, fonctionne pour eux comme un trou noir. Tous sont hypnotisés par la lumière. Et le phénomène qualifié d'« effet aspirateur » n'a fait que s'aggraver depuis les années 1970. En 1968, cinq ans seulement après la sortie du film d'Hitchcock, *Les Oiseaux*, pas moins de 5 000 oiseaux sont entrés en collision avec une tour de télévision à Nashville, aux États-Unis. Entre 1960 et 1969, 7 000 oiseaux morts ou blessés ont été découverts au pied du phare de Long Point, dans l'est du Canada.

On sait que les insectes s'orientent la nuit grâce aux ondes lumineuses produites par la Lune et les étoiles. Lorsqu'ils croisent une autre source lumineuse, ils se collent spontanément sur elle, c'est elle qui devient leur boussole ou leur centre d'attraction. Papillons de nuit, libellules, moustiques, coléoptères, grillons engagent une danse en spirale autour d'elle... Une fois capturés par l'éclat lumineux, les insectes y restent, incapables de s'en échapper. Beaucoup d'entre eux meurent d'épuisement avant l'aube. Quand les lampes finissent par s'éteindre, souvent au moment où le soleil revient, les survivants ont passé leurs heures d'activité à faire du surplace, ils n'ont pas pu atteindre leur objectif de la nuit : ils n'ont pas pompé le nectar, ils n'ont pas transporté le pollen, ils n'ont pas trouvé de partenaire, ils n'ont pas pondu leurs œufs.

Cet effet aspirateur a longtemps servi aux entomologistes pour capturer les insectes. Il suffisait d'assembler une lampe, une boîte et un entonnoir pour recueillir les insectes attirés par la lumière. Un tel piège fut installé sur le toit du Musée national d'histoire naturelle de Stockholm entre 1990 et 2007. Chaque année, la lampe recevait la visite d'un peu plus de 200 espèces de papillons de nuit, 740 espèces en dix-sept ans.

Au fil de leurs observations, les zoologistes ont constaté une extinction des espèces, leur biomasse ayant diminué de 75 %. La nouvelle s'en est répandue via les réseaux sociaux. Certains allant jusqu'à évoquer une « Apocalypse » des insectes.

La pollution lumineuse a aussi des effets sur l'horloge biologique des végétaux. Les feuilles d'un arbre situé sous un lampadaire vont tomber plus tardivement, nous apprennent les zoologistes. Cela va rendre l'arbre plus sensible au gel. Ses bourgeons vont apparaître plus tôt, ce qui va également le rendre vulnérable au gel tardif et va perturber le *timing* entre floraison et pollinisation. De plus en plus de végétaux ne fleurissent pas et les insectes s'en détournent.

Au cours de ses enquêtes de terrain, un chercheur suédois spécialiste des chauves-souris a fait une découverte surprenante : en l'espace de trente ans, plus de la moitié des chauves-souris avaient disparu. Elles ne trouvaient plus refuge dans les églises qui étaient éclairées toute la nuit. « En réalité, ce ne sont pas les chauves-souris qui disparaissaient mais bien la nuit » raconte-t-il dans un essai qui se veut un récit de la vie nocturne et un manifeste contre la pollution lumineuse[1].

Les anciens mythes célébraient le retour du soleil à l'aube comme une victoire contre l'obscurité. Le lever du jour était salué par des cris de joie et le crépuscule était ressenti comme une mort précoce. L'humanité devra-t-elle bientôt célébrer la

1. Johan Eklöf, *Osons la nuit*, Tana, 2022.

nuit menacée de disparition comme elle l'a fait du soleil bienfaiteur pendant des siècles ? La magie de la nuit ne se révélant plus aux humains que de manière exceptionnelle comme ce fut le cas en 1994, quand les habitants de Los Angeles, à la suite d'une panne de courant généralisée due à un tremblement de terre, furent subjugués par un étrange phénomène lumineux apparu subitement dans le ciel. C'était la Voie lactée.

Imago mundi

La présence en ligne des banques d'images nous expose à un déferlement d'images produites à la chaîne destinées à satisfaire une demande devenue exponentielle d'illustrations sur le Web. Ces images saturent notre environnement visuel comme la musique d'ascenseur a depuis longtemps colonisé notre espace auditif. Les images de stock « recouvrent les murs des villes, des transports, des écrans, des médias. Elles nourrissent les films les plus divers, les documentaires à la télévision, les publicités, les magazines, les rapports annuels d'entreprise, les articles "pièges à clics", les *packagings* alimentaires, les emballages de produits *high-tech*, les e-mails, les mèmes, les cartes de vœux personnalisées, les bâches de chantiers, les flancs des voitures de location[1]... » Nous ne les regardons plus, nous y tombons. Nous sommes immergés en elles. Elles nous engloutissent. Elles n'appartiennent pas au

1. Stéphane Degoutin et Gwenola Wagon, « Le blanchiment des images », *AOC*, 6 avril 2022.

régime du spectacle, mais à celui du spectral, ne relèvent plus de l'exposition mais de la dévoration. «*Imago mundi*» à l'ère de la reproductibilité numérique.

> «Notre espèce a développé à la surface du globe une grande variété de cultures, de manières de s'alimenter, de parler, de s'habiller, de prier, de s'exprimer, de créer... Les banques d'images reformatent tout sur leur passage: les gestes, les attitudes des modèles, les expressions des visages... et propagent une vague d'uniformité qui balaye les spécificités culturelles. Elles illustrent ce que signifie de vivre un monde unifié, aseptisé, uniformisé.»

Shutterstock, le leader de ces banques d'images, inonde le marché de centaines de millions de photographies et de vidéos. Pionnier de l'approche par abonnement, le site a été le premier à proposer à ses clients de télécharger des images en stock plutôt qu'à la carte. «Parcourir Shutterstock, écrit la journaliste Megan Garber, comme je le fais souvent, puisque nous utilisons parfois leurs images ici à *The Atlantic*, c'est faire un voyage étrange et souvent farfelu et parfois totalement merveilleux à travers l'air du temps visuel.» Prenant au mot le site, la journaliste a lancé une recherche «juste pour voir» sur la notion de *zeitgeist*, d'air du temps. Elle a reçu en retour trois pages d'illustrations: il y avait des horloges en quantité, des femmes légèrement vêtues portant des horloges, des personnages de bandes dessinées portant des horloges, des jeunes faisant des signes de paix, des verres qui trinquent, des mèmes, des cartoons... «Tout est vraiment conçu par et pour

Internet : les images du site adoptent les poses de sitcom, les dessins animés colorés, les assiettes de nourriture, les abstractions pesantes… »

> « Si l'on cherche, par exemple, une photo d'employés de *call center*, commentent Stéphane Degoutin et Gwenola Wagon, auteurs de l'article d'*AOC*, on trouvera des milliers de visages en gros plan, toujours souriants, sur un fond blanc, gris clair, ou devant des cloisons vitrées floues. Aucune des personnes photographiées n'est un véritable employé de *call center*. Il s'agit de figurants engagés pour une séance en studio ou en prises de vue réelles dans des bureaux. Ils ont été habillés, maquillés et dirigés pour incarner des employés. Ils portent tous le même accessoire qui permet de signifier leur métier : un casque muni d'un micro. Tout a été mis en œuvre pour que la compréhension soit immédiate et dénuée d'équivoque. »

Le monde des banques d'images est un univers fragmenté, destiné à satisfaire des demandes hétérogènes mais toutes gouvernées par la recherche de l'effet maximal, le diktat de l'illustration immédiatement compréhensible, le culte de la parodie et du cynisme, forgeant ainsi une esthétique du kitsch à l'usage d'un monde sans récit.

Dans cet univers, on peut tomber par exemple sur une grand-mère enseignant à un groupe d'enfants blonds les secrets du « coup de poignard entre les doigts » ou une femme bizarre qui jette des spaghettis dans une forêt, ou encore un internaute qui passe la main à travers l'écran de l'ordinateur et tape à l'envers pendant qu'un chat surpris regarde au loin... Vous pouvez croiser un Adolf Hitler épluchant des pommes de terre vêtu d'une couverture de pique-nique, un vieillard se servant de rouleaux de papier toilette comme de jumelles, ou un homme endormi sur un gâteau en guise d'oreiller. Une femme à moitié nue les yeux bandés tenant une grenade avec une pieuvre dessus. Un homme torse nu couvert de tatouages portant des ailes de papillon, un centaure perplexe confronté à sa mauvaise moitié... Sans oublier l'image devenue virale: *Women Laughing Alone with Salad.* Femmes riant seules avec des salades.

Les images de stock n'ont pas pour objet de représenter le réel mais de le faire disparaître, de le dissoudre dans un torrent d'images. Elles ruinent l'idée même de représentation à laquelle elles substituent la pratique de la mèmification. Elles nous rendent complices de leur entreprise d'effacement du réel. Elles nous déroutent, nous plongent dans un vertige attentionnel, nous injectent un *shoot* de déréalisation. Elles ne cherchent pas à représenter le réel mais à le remplacer, à le faire disparaître sous une avalanche de clichés, ni beaux, ni laids, ni vrais, ni faux. Passage du *show* au *washing*, de la logique du spectacle au modèle du trou noir.

Stéphane Degoutin et Gwenola Wagon concluent: « Il existe un nom pour la stratégie qui consiste, pour dissimuler une information, à la fondre dans une masse d'informations similaires: c'est l'offuscation. L'offuscation, assombrissement, obscurcissement ou brouillage, est une stratégie de gestion de l'information qui vise à obscurcir le sens qui peut être tiré d'un message. Le dispositif esthétique de la photographie de stock peut être vu tout entier comme un dispositif de dissimulation par offuscation. Ce dispositif d'offuscation s'est généralisé avec l'apparition des smartphones à toutes sortes d'usages et de pratiques photographiques. »

L'illumination implacable de la scène publique

L'usage du smartphone dans les lieux publics transforme notre rapport aux images. Que l'on photographie un tableau dans un musée, un concert, une compétition sportive ou un moment partagé à l'occasion d'une victoire sportive, l'usage collectif du smartphone brise le rapport individuel, intime, de l'acte de photographier. Il éclate le point de vue individuel, le regard intérieur du photographe et lui substitue un rapport machinique, automatique, une vidéo, un panoptique. C'est le réel des images qui s'affiche sur la multitude d'écrans de smartphones. Ce n'est plus la caméra ou l'appareil photographique qui écrit la lumière, c'est le smartphone qui est balayé par un foyer lumineux, mis en images.

Après deux ans de *black-out* en raison de la pandémie, les Champs-Élysées ont retrouvé le 31 décembre 2023 la foule des grands soirs venue célébrer le Nouvel An. Alignés en rangs serrés, près d'un million de fêtards se sont massés face à l'Arc de Triomphe pour assister au retour du feu d'artifice.

Près de 3500 fusées ont été tirées depuis la place de l'Étoile et ont illuminé le ciel parisien pendant une dizaine de minutes accompagnées cette année d'une bande-son composée de chansons de Juliette Armanet, Clara Luciani, France Gall, les Négresses vertes, MC Solaar… Mais ce qu'on a retenu de ce réveillon 2023, ce n'est pas le contenu de la playlist des organisateurs ni la virtuosité du spectacle pyrotechnique, c'est une image, celle de milliers de smartphones brandis par la foule à bout de bras ou surmontés de perches. Si cette image est troublante, c'est qu'elle constituait beaucoup plus qu'une banale image de foule, c'était une méta-image qui signalait un changement de régime de vision. Tendus comme des milliers de doigts pointés vers l'Arc de Triomphe submergé de volutes multicolores, de jets traçants et de flèches enflammées, de bouquets et rosaces irradiées, les smartphones devenaient eux-mêmes des objets lumineux, ils n'enregistraient pas seulement les images de l'événement, ils y participaient, en devenaient une composante. Comme les porteurs de lanterne de Robert Louis Stevenson qui dissimulaient la nuit sous leurs manteaux des lanternes accrochées à leurs ceintures, ils étaient des porteurs de lumière, des corps devenus torches, ils irradiaient d'une lumière diaphane comme les lucioles. Leur regard ne suivait pas la succession des images, il était éclaboussé, aveuglé par une explosion lumineuse, une projection d'éclats.

D'appareils d'enregistrement, ils se transformaient en instruments d'éclairage, à la fois réverbères et éléments de mobilier urbain. Éclairage indirect de l'ère vidéo qui participe de l'éclairage et de l'environnement quotidien des villes comme l'avait montré Paul Virilio avant même l'invention du smartphone. Surgissement d'une « télé-réalité présente », bouleversant la nature de l'objet comme du sujet de la représentation traditionnelle, l'image des lieux succède désormais aux « lieux d'images ».

De même que l'apparition de la première ampoule électrique d'Edison a transformé l'éclairage nocturne des villes et surtout la frontière qui séparait les domaines diurne et nocturne, elle produisait chez les contemporains d'Edison cette forme de sidération qui se produit lorsque les données de l'expérience sensible dépassent soudain non seulement l'espace du connaissable mais celui du visible. Nous ne savons qu'en penser. Images saisissantes qui débordent et s'imposent à notre regard. Elles signalent un phénomène techno-social inédit, rendu possible par l'évolution de la technique et qui prend immédiatement des formes sociales.

Dressés entre deux rangées d'arbres illuminés, ces milliers d'écrans multicolores étaient les conducteurs d'une pluie d'étincelles lancées non plus seulement dans le ciel à la verticale, mais horizontalement, de proche en proche, au ras de la foule connectée. Le feu d'artifice géant se reflétait et se décomposait en une multitude d'écrans en milliers d'étincelles. Non pas sous le régime de la focalisation du point de vue, mais sous celui de sa dispersion, de sa propagation. Un incendie. Comme l'écrivait Hannah Arendt, il y a beaucoup de choses qui ne peuvent supporter « l'illumination implacable de la présence constante d'autrui sur la scène publique[1] ».

1. Hannah Arendt, *Condition de l'homme moderne*, traduction de Georges Fradier, Calmann-Lévy, 1961.

Le selfie ou le stade ultime de l'incarnation

Mot de l'année 2013 pour les très sérieux *Oxford Dictionaries*, c'est au cours des obsèques de Nelson Mandela le 10 décembre 2013 dans le stade de Soweto qu'il est véritablement entré dans l'histoire. Non pas le prisonnier de Robben Island élevé de son vivant au statut d'icône pour son combat contre l'apartheid, symbole de l'engagement et du sacrifice, mais son exact opposé, la figure même, selon certains, du narcissisme et de l'égocentrisme : le selfie, cet autoportrait réalisé avec un smartphone et posté sur les réseaux sociaux. Ce jour-là, Barack Obama, David Cameron et la Première ministre danoise, Helle Thorning-Schmidt, ont été surpris par un photographe dans les tribunes en train de se photographier avec un smartphone, une photo qui a fait le tour du Web.

Certains commentateurs ont été scandalisés par le comportement de ces trois chefs d'État se photographiant comme des adolescents et dont on attendrait un peu plus de dignité en de telles circonstances. On a prêté à Michelle Obama, ostensiblement à l'écart, une colère justifiée... Roberto Schmidt, le photographe qui a capturé le selfie, a eu beau s'élever contre « tout ce ramdam », le mal était fait. Contrairement aux nombreuses réactions intervenues par la suite, Roberto Schmidt ne trouve « rien de choquant » à ce selfie. « Sur le moment, je me suis dit que les dirigeants que je capturais se comportaient en êtres humains, comme vous et moi, et je m'en suis félicité. Pour une fois, personne ne prenait la pose, personne n'obéissait à des directives édictées par des directeurs de la communication[1] », écrit-il.

Mais ces commentaires passent à côté de l'essentiel, auquel un écrivain comme Witold Gombrowicz ne serait pas resté indifférent : l'inversion de la grandeur en pitrerie, la désacralisation médiatique de l'*homo politicus*, l'inexorable contamination de l'histoire par le plan rapproché, l'influence puissante du geste, de la mimique, révélée par les nouveaux modes de captation et de diffusion des images, dans le processus de sécularisation de la vie politique.

Le phénomène touche les grands de ce monde comme tout individu muni d'un smarphone. Autant image à partager que projection de soi sur les réseaux sociaux, le selfie permet à tout un chacun de devenir un performeur de soi-même. Barack Obama, le pape, les journalistes français dans le Bureau ovale,

1. Quentin Girard, « "Selfie d'Obama" : une photo bien mal exposée », *Libération*, 11 décembre 2013.

mais aussi des millions d'individus lambda se soumettent à chaque instant au rituel du selfie qui s'est généralisé avec l'usage des smartphones.

Le selfie n'est pas un simple reflet de soi dans lequel s'abîmeraient les narcisses de Facebook ou d'Instagram. L'affirmation de soi ne s'oppose pas à l'échange, bien au contraire. Les deux vont de pair. Le selfie n'est pas destiné à la contemplation mais au partage. Il est une image à partager, une invitation à la rencontre, une manière d'entrer en contact, de susciter l'attention, de provoquer l'adhésion sous forme de likes, de *followers* et de nouveaux amis. Il s'agit d'un acte performatif dont le succès se mesure en nombre de commentaires et de likes et dont l'enjeu consiste à gagner en popularité.

Plongé dans la centrifugeuse des réseaux sociaux, c'est un ego exposé au regard d'autrui, ballotté dans le tumulte des tweets et des retweets, un ego saisi au stade de l'immaturité gombrowiczienne qui a trouvé sur Internet son milieu et son espace de jeu. Selon Gombrowicz, le moi est constamment menacé par le regard déformant des autres, prompts à « nous faire une gueule » ou à nous « cuculiser » (nous humilier)… « Quand, par exemple, je traite un homme qui n'est pas bête comme un imbécile, ou que je prête à un homme bon des intentions criminelles, je leur "fais une gueule". Faire une gueule à un homme, c'est l'affubler d'un autre visage que le sien, le déformer[2]. » Et la « cuculisation » est un pro-

2. Witold Gombrowicz, *Souvenirs de Pologne*, Folio, 2003.

cédé similaire qui consiste à traiter un adulte comme un enfant, à l'infantiliser. La « gueule » et le « cucul » sont les deux figures devenues omniprésentes d'un même piège qui menace désormais notre e-réputation. Qu'est-ce que le selfie sinon le triomphe de la gueule et du cucul ?

Dans les années 1990, un nouvel idéal-type est né à la croisée de la révolution néolibérale et des nouvelles technologies de l'information et de la communication. L'individu n'est plus aux prises avec le monde réel, il est plongé dans la maison des miroirs. Le selfie n'est pas tant une image en soi qu'une performance « pour soi » qui vise à s'exposer via les réseaux sociaux dans un processus de stylisation sans répit.

Ces représentations de soi consacrent la naissance de la république du look, dont le citoyen est l'individu fashionable, l'*homo ludens*, prêt à tout pour capter l'attention de ses semblables, lesquels sont eux-mêmes dans des dispositions identiques ; ce qui donne à la vie en société le caractère, le rythme et les déguisements d'un défilé de carnaval où chacun est à la fois son styliste et son visagiste, dans une performance qui est la vie même.

Dans la république du look, il n'y a plus que simulation, stylisation, l'individu devient son propre modèle, un objet à relooker, un performeur de soi. Cela s'est manifesté d'abord dans la mode dès les années 1990 pour s'étendre à tout un chacun. Le mannequin descend de son piédestal, cesse d'être l'ambassadeur du style pour devenir acteur, performeur, objet d'une autostylisation… Ce n'est plus le super-modèle qui est le héros, mais la « personne ordinaire », l'individu maître et possesseur de son look, le seigneur et le designer de soi. Qu'il réalise un selfie, qu'il rédige un tweet insultant ou provocateur, qu'il se mette en scène de manière valorisante ou en se moquant de lui-même, l'*homo ludens* des réseaux sociaux doit être avant tout un stratège, sachant manier l'humour, faisant preuve d'un détachement ironique, d'une autoparodie. Le comble du cool étant d'être capable d'autodérision. Ni narcissisme ni masochisme, un hommage à sa propre plasticité.

Appliqué au personnel politique, le selfie peut être considéré comme le stade ultime de l'incarnation politique. L'hypervisibilité de l'*homo politicus*, loin de conforter son aura, la dégrade et achève le processus de désincarnation inscrit au cœur du pouvoir. Avec les médias de masse, l'*homo politicus* a perdu ce double caractère qu'Ernst Kantorowicz attribuait au corps du roi : son corps humain et sa dimension suprahumaine. Déshumanisé et désacralisé à la fois, il traîne derrière lui son manteau écarlate. Il suffit d'observer la photo officielle des présidents français qui trônent dans les mairies pour observer ce phénomène de désacralisation du monarque. De Gaulle et Pompidou portaient encore le grand collier de la Légion d'honneur. Mitterrand avait choisi comme photographe officielle Gisèle Freund âgée de 87 ans, la photographe de James Joyce, la mémoire littéraire du XXe siècle, Chirac opta pour Bettina Rheims célèbre pour ses photos de nus. Le choix de Sarkozy s'est porté sur Philippe Warrin, le photographe du *Loft* et de la *Star Ac'*. Le portrait officiel présent dans toutes les mairies de France a cédé la place à des images dégradées de la fonction présidentielle. Sarkozy en joggeur. Hollande sous la pluie. Macron en boxeur. On a là un raccourci de ce passage de l'incarnation de la fonction à l'exhibition de la personne qui accompagne la perte de souveraineté de l'État. Aujourd'hui, l'aura présidentielle s'est dissoute dans le selfie.

Diane Rubenstein, l'auteure d'un essai sur les présidences américaines, a identifié dans les biographies de Bill Clinton ce qu'elle appelle une «pathographie» présidentielle liée à «la téléprésence du président soumis au confessionnal quotidien des interviewers, à la fausse intimité des *talk-shows* et à une tendance à l'hyperbole des magazines[3]» contraints de surenchérir pour capter l'attention. Elizabeth Drew, la biographe de Bill Clinton, observe que «sa volonté délibérée de démystifier la fonction présidentielle a fini par lui porter tort. Ses efforts frénétiques pour "se montrer proche des gens", "pour être accessible", pour populariser la présidence ont fini par banaliser la fonction. Selon ses conseillers, il était si connu que, lorsqu'il passait à la télévision, les gens dans les aéroports ne s'arrêtaient même plus pour le regarder.» Bill Clinton qui est allé jusqu'à confier sur MTV qu'il portait des slips fut sans doute le premier à subir les effets corrosifs de cette hypermédiatisation.

L'exhibition du corps présidentiel s'effectue sous le signe de la dépense, de l'excès, de la dévoration. Clinton est qualifié par ses biographes d'hypermnésique comme le sera Sarkozy. Il

3. Diane S. Rubenstein, *This Is Not a President*, NYU Press, 2008.

a des besoins sexuels insatiables comme DSK ou Berlusconi. Il ne mange pas, il dévore. Lit plusieurs livres par nuit. Les hommes politiques sont devenus des personnages de notre imaginaire quotidien, des figures éphémères de nos démocraties médiatiques. Ce sont nos présidents. Leur victoire est la nôtre. Leur folie est la nôtre. Nous les habillons et les déshabillons comme des avatars de *Second Life* ou des personnages Playmobil. Nous consommons nos présidents et nous les jetons après usage…

De l'affaire Lewinsky à celle de Nafissatou Diallo, des soirées bunga bunga de Berlusconi aux partouzes tarifées du Carlton de Lille, ce n'est pas la dépravation des individus seulement que met en lumière la chronique judiciaire, c'est la déchéance de l'aura du souverain. Faire défiler devant une cohorte de journalistes, de caméras et de photographes, le directeur du FMI, menottes aux poings, celui que les médias s'obstinaient à appeler « l'homme le plus puissant de la planète » et qu'ils se complaisaient à décrire comme le futur président de la République française, ne peut pas ne pas signifier, au-delà de la mise en accusation d'un homme, la déchéance de tout un système de représentation.

Le corps des puissants livré à la voracité des médias et des audiences fait le chemin inverse de la double incarnation chère à Kantorowicz, celui d'une désymbolisation accélérée. Depuis son livre devenu célèbre, *Le Double Corps du roi*, nous savons que la stylistique royale doit exprimer la double nature du corps du roi, qui est à la fois humain et suprahumain, mortel et immortel. Désacralisé, profané par les médias, ridiculisé par les marchés, soumis à la tutelle des institutions internationales et des agences de notation, l'État est désormais ce trou noir qui aspire ce qu'il reste du rayonnement du politique. L'*homo politicus* apparaît comme un spectre éclairé par les flammes de sa propre dévoration. C'est la seconde vie, spectrale, de la démocratie. Ce sont les derniers échos qui nous parviennent de l'exercice du pouvoir politique[4].

4. Christian Salmon, *La Cérémonie cannibale. De la performance politique,* Fayard « Pluriel », 2014.

La fonction iconique du réfugié

Depuis 2010 les images de réfugiés sont omniprésentes sur nos écrans.

Refoulé aux frontières, massé dans les camps et les hotspots, embarqué sur des embarcations de fortune, le réfugié obsède l'imaginaire occidental. Ce « débordement » d'images conforte l'idée sous-jacente d'une submersion migratoire. Sans doute sommes-nous davantage exposés aux images qu'aux réfugiés eux-mêmes. Il suffit de faire une banale recherche sur Internet pour voir surgir des centaines de milliers, des millions d'images de réfugiés dans le monde. Il n'y a pas de sujet plus « photogénique », dirait-on. Mais quel usage faisons-nous de ces images ?

La petite île de Lampedusa, poste avancé de l'Europe en Méditerranée, est devenue une scène où se joue *ad nauseam* le spectacle d'une submersion. Le champ lexical utilisé par la droite et l'extrême droite accrédite l'idée d'une inondation (« Un continent se déverse sur l'autre » selon le parti Reconquête), un substitut aquatique de la métaphore du grand remplacement. Cette rhétorique gomme les identités et la singularité des parcours et les agglomère en une masse anonyme et liquide, un déferlement. Elle procède à un retournement rhétorique. Ce ne sont pas les migrants qui se noient, c'est l'Europe qui est inondée, submergée. Au naufrage réel des embarcations de migrants se substitue le naufrage rhétorique de la civilisation européenne.

En 2023, la différence de traitement entre les réfugiés d'Ukraine et ceux de Lampedusa a mis en évidence l'usage idéologique de l'image du réfugié. Là où 4 millions de réfugiés ukrainiens pendant la guerre en Ukraine sont passés quasiment inaperçus, quelques milliers de migrants massés sur la petite île de Lampedusa menaceraient l'Europe d'un tsunami migratoire. La différence de traitement de ces deux types de migration n'est pas seulement culturelle (européens/non européens), elle tient à l'effet de focalisation des arrivées à Lampedusa. Mais surtout, ces deux migrations n'occupent pas la même place dans le récit que tient l'Europe sur elle-même. Dans le cas de la guerre en Ukraine, les réfugiés sont les victimes de l'invasion russe, dans l'autre cas, ils sont l'invasion elle-même.

Qu'elles inspirent la honte ou la compassion (le petit Aylan en 2015), un sentiment de culpabilité ou une peur de l'invasion attisée par les habituels propagandistes de la haine, ces images témoignent de la place problématique qu'occupe le réfugié dans notre imaginaire collectif.

Quelle est la fonction iconique de ces images de réfugiés ?

Sous le régime de l'art engagé ou celui des manifestations de la mode, les réfugiés sont de plus en plus souvent au cœur des performances médiatiques. La couverture de survie des migrants est en passe de devenir un accessoire de mode. Elle a inspiré récemment une performance à l'initiative du photographe Ai Weiwei qui s'était déjà pris en photo allongé sur une plage pour rappeler la photo du petit Aylan. Lors d'un gala de bienfaisance à Berlin de « *Cinema for peace* » (« Cinéma pour la paix »), il a demandé aux invités de se draper dans une couverture de survie. À la Fashion Week de New York, l'artiste américain Johny Dar a présenté une collection baptisée *Jeans for Refugees*, tandis que le Français Étienne Derœux a intégré à certaines de ses pièces des morceaux de couverture de survie[1].

Le photographe hongrois Norbert Baska est allé encore plus loin. Il a publié sur les réseaux sociaux des photos de mannequins de mode posant devant des barbelés ou ceinturée seins nus par des policiers, un shooting de mode baptisé *Der Migrant* qui glamourise la tragédie des réfugiés[2].

Une photo diffusée par Reuters a beaucoup circulé en 2015. On y voit des migrants enveloppés dans des couvertures de survie métallisées combattre le froid sur des rochers en bord

1. « La migration devient un sujet tendance à la Semaine de la mode de New York », ONU Info, 2 octobre 2022 ; « Fashion Week de New York : les principales tendances », *Fashion Network*, 18 septembre 2016.

2. « Polémique : un photographe hongrois s'inspire des migrants pour un shooting de mode », *France 24*, 7 octobre 2015.

de mer. Elle a été prise par Jean-Pierre Amet à la frontière italienne près de Vintimille. Ces réfugiés enveloppés dans des couvertures de survie n'ont presque plus de forme humaine, ce sont des fantômes, des êtres amphibies surgis des eaux, des monstres aquatiques venus du fond de notre imaginaire mythologique. Ils ne sont plus tout à fait humains, ce sont des mutants. Ils semblent appartenir à une autre espèce que la nôtre et doivent être repoussés comme des corps étrangers. La photo nous invite à analyser l'arrivée de ces réfugiés non pas en termes juridiques, politiques ou même moraux, mais en termes mythologiques sur une scène où se joue une sorte de performance. Il ne s'agit plus de réguler des flux de population dans un contexte socio-économique et écologique qui en aggrave les causes, mais d'entrer dans une guerre des mondes, un conflit entre deux espèces, deux civilisations.

Le contrôle des frontières cesse d'être un problème de police et un enjeu géopolitique, il devient un espace rituel, scénographique, qui a pour objet de fantasmer la frontière (le mur de Trump), de performer la frontière. Il impose un sacrifice rituel dont les réfugiés font les frais.

Les images de réfugiés, de murs de contention, de barrières policières, les vidéos de naufrages en mer, d'interpellations au faciès dans les trains, ne montrent pas seulement des opérations de police, des réponses sécuritaires menées par des États souverains, « avec humanité et fermeté », à des incursions illégales dans le territoire national. Elles mettent en scène au contraire un débordement, l'impossibilité de gérer ces afflux de population, de les repousser ou de les intégrer. Elles accréditent le fantasme d'une Europe bastion que l'on doit défendre, et produisent une scénographie visuelle de l'état d'urgence. Ces réfugiés revêtus de combinaisons de survie projettent l'image d'un autre absolument inassimilable (« qui n'a pas vocation à s'intégrer »). L'État qui les traque ne produit pas l'image d'une souveraineté territoriale, mais l'hyperbole médiatique d'États débordés, impuissants.

C'est là que Lampedusa fait signe dans le brouillard d'un projet européen en déshérence. Cet îlot d'Europe en Méditerranée se distingue par sa fragilité, sa vulnérabilité, son exposition aux quatre vents des mouvements de population. Il est l'hyperbole d'une Europe en mal de souveraineté.

L'idée selon laquelle la présence quotidienne sur nos écrans de réfugiés, de sans-papiers, interpellés par la police, comme celle des bateaux épaves abandonnés en mer croulant sous les corps des naufragés, comme celle des murs ou des barbelés, relèverait du contrôle des frontières est une illusion. « Elle passe complètement à côté, écrit Wendy Brown, de la place iconique qu'ils occupent dans une érosion de la souveraineté étatique[3]. »

Dans son livre, Wendy Brown démasque des années avant les rodomontades de Trump le paradoxe du volontarisme des États-nations en mal de souveraineté qui se manifeste par la multiplication des murs de séparation. Ces murs signalent que

3. Wendy Brown, *Murs. Les murs de séparation et le déclin de la souveraineté étatique*, Les Prairies ordinaires, 2009.

le droit et la politique sont dans l'incapacité de gouverner les multiples puissances libérées par la globalisation et la colonisation caractéristiques de la modernité tardive : le recours au contrôle et au blocage vise à remédier à cette situation d'ingouvernabilité.

Plus l'État est désarmé, plus il doit afficher son volontarisme. La posture du « volontarisme » néolibéral est la forme que prend la volonté politique lorsque le pouvoir est privé de ses moyens d'agir. Mais sa crédibilité est gagée sur la puissance effective de l'État. Si cette puissance n'a plus les moyens de s'exercer, le volontarisme est démasqué comme une posture. Il faut donc qu'il redouble d'intensité, qu'il s'affiche avec plus de force pour se recrédibiliser, démonstration qui va accentuer encore le sentiment d'impuissance de l'État. Il faut donc sans cesse rejouer l'exercice de la force sous les traits de la chasse aux Roms, des expulsions de réfugiés, du blocus migratoire, des opérations de police aux frontières pour recrédibiliser une souveraineté de papier. Peu importe leur efficacité toute relative, elles ont pour fonction de théâtraliser la puissance d'un pouvoir impuissant.

Contrairement aux apparences, les murs chargés de contenir la poussée des migrants aux frontières marquent moins la résurgence de la souveraineté des États qu'ils ne sont des icônes de son érosion. « Dans la mesure où ils apparaissent comme des exemples hyperboliques de la souveraineté de l'État-nation, écrit Brown, ils révèlent, comme toute hyperbole, que quelque chose d'hésitant, de vulnérable, de douteux ou d'instable est logé au cœur même de ce qu'ils visent à exprimer – des propriétés qui sont elles-mêmes des antithèses de la souveraineté… Loin d'être des itérations de sa souveraineté, les nouveaux murs de l'État-nation participent d'un paysage mondial constitué par les flux et les barrières internes aux États-nations. »

Ces performances projettent un pouvoir et une efficacité qu'ils ne sauraient exercer concrètement et qu'ils contredisent dans les faits. Ils produisent l'image d'un pouvoir étatique confronté à sa déliquescence. Ce sont des murs de papier. Ils mettent en scène des pouvoirs de protection impuissants attachés à la souveraineté chancelante…

L'iconographie des réfugiés désigne les failles de la souveraineté des États-nations et constitue, à force de répétition dans l'espace public, une performance collective dont les réfugiés sont les figurants malgré eux. La fonction iconique du réfugié vise moins à dissuader les migrants de venir en Europe ou à faire peur aux Européens menacés d'une prétendue invasion qu'à gérer l'image de la frontière fragile. Les migrants illégaux ne constituent pas seulement « l'armée de réserve du capital » (Marx), ils constituent une « armée de figurants » enrôlés dans le théâtre de la souveraineté perdue.

Succession ou le Théâtre du discrédit

Comparée par certains à un tableau de la Renaissance, à une tragédie grecque, à un roman de Jane Austen mais surtout au *Roi Lear* de Shakespeare, la série *Succession* s'est hissée au rang d'un véritable phénomène de société, saluée par la critique et récompensée par quatre prix aux Emmy Awards et trois récompenses aux Golden Globes en 2022.

La série raconte en quatre saisons la fin d'un règne, celui d'un magnat à l'ancienne qui a bâti l'empire des médias Waystar Royco en dévorant les filiales concurrentes (presse, chaînes d'info à la Fox News, studios à Hollywood, croisières, parcs, divertissement). Frappé par un AVC, le patriarche doit organiser sa succession. Mais il a beau mettre à l'épreuve sa progéniture, aucun de ses enfants ne lui semble à la hauteur. Prises de pouvoir avortées, OPA hostiles, complots de conseils d'administration, pièges fraternels, infidélités. Autant d'effets secondaires de l'AVC du père qui s'étend jusqu'à paralyser le cœur du trust tout entier. La question de la transmission est au cœur de l'intrigue avec son lot d'alliances et de trahisons, de manœuvres et de coups de théâtre sur un fond de ballet d'hélicoptères et de jet privés, de fêtes somptueuses et de mariages en Toscane ou au Royaume-Uni.

Si la série s'inspire du *Roi Lear*, dans lequel un roi cherche à partager son territoire entre ses trois filles, c'est pour mieux plonger dans les abysses de notre monde en voie d'effondrement. On est loin d'un simple conflit de générations entre le père et ses héritiers. Ce que narre *Succession*, c'est une impasse de la transmission, enchâssée dans la difficile transition d'une ère à une autre, d'un monde à un autre. La série dessine l'image fractale d'une explosion tout à la fois politique, sociale, culturelle et psychologique. Elle est un objet à facettes dont les disputes familiales à répétition ne sont que les éclats, les fragments observés à la loupe d'une déflagration.

Succession pousse la spirale du discrédit qui engloutit le monde occidental jusque dans les retranchements les plus secrets d'un psychodrame familial. Réunis en séminaire dans le désert pour une thérapie collective, ces héritiers d'un empire de la communication se révèlent incapables de communiquer entre eux. Ils ont perdu la confiance dans le langage. Ils ont beau faire assaut de bons mots, ils appartiennent à la grande famille de ceux dont le langage est ruiné.

Le succès de la série est le fruit de la rencontre entre deux hommes : Frank Rich et Jesse Armstrong. Rich : un ex-chroniqueur politique du *New York Times*, (l'un des meilleurs analystes du *storytelling* politique sous G.W. Bush) qui s'est reconverti en producteur exécutif chez HBO (*Veep* et *Succession*). Armstrong : un ex-conseiller travailliste au Parlement britannique, passé avec armes et bagages de la politique à la comédie, qui a créé la série *Peep Show* et a collaboré à *The Thick of It*, *Veep* et au film *In The Loop*, la satire politique réalisée par Armando Iannucci, sortie en 2009. Deux transferts significatifs de l'univers politique à celui des plateformes, de la chronique politique au registre dégradé et satirique des séries TV.

Plus d'une décennie avant qu'Armstrong n'écrive le pilote de *Succession*, il a été chargé de réaliser un documentaire sur un dîner familial célébrant le quatre-vingtième anniversaire de Rupert Murdoch. Ce projet n'a pas vu le jour mais Amstrong a attiré l'attention de Frank Rich. « Je ne pouvais pas croire que cet écrivain britannique puisse écrire un article aussi convaincant sur la politique américaine. » Ainsi est né le pilote de *Succession* qui s'inspire non seulement de la dynastie Murdoch, mais également d'autres familles de médias, notamment les Maxwell et les Redstone. Armstrong ne pouvait compter sur un lecteur plus compétent et mieux informé que Frank Rich. Pendant toute la décennie 2000, il avait été l'un des chroniqueurs les plus lucides de la dérive démocratique de l'ère Bush. Écrivant mon essai *Storytelling*, je trouvais chaque semaine dans ses chroniques une mine d'informations sur ce qu'il appela dans son livre *The Greatest Story Ever Sold*, la meilleure histoire jamais vendue, sous-titrée « Le déclin et la chute de la vérité du 11/9 à Katrina[1] ».

> « La chronique d'un gouvernement qui raconte et vend son histoire, constatait Frank Rich, est aussi, inévitablement, une chronique d'une culture américaine caractérisée par son goût des balivernes. La synergie et l'interaction entre cette culture et le récit de l'administration Bush est une pièce significative du puzzle. Seule une culture de l'*infotainment* qui fonctionne 24 heures sur 24, 7 jours sur 7, et qui a rendu triviale jusqu'à l'idée de la réalité (et avec elle ce que l'on considérait autrefois comme des informations) a pu être manipulée avec autant de succès par les gens au pouvoir. »

La série *Succession* décrit le passage de l'ère politique de G.W Bush (2000-2008) à celle de Donald Trump (2016-2020), du *storytelling* de Karl Rove, le conseiller de Bush, au nihilisme grotesque de Steve Bannon, le stratège de Trump. *Succession* brosse le portrait d'un monde dans lequel le monopole de la communication instaure le règne de la post-vérité.

« *Succession* n'est ni un drame ni une comédie », expliquait Frank Rich. La série emprunte aux deux. Selon Jesse Armstrong, ce mélange des genres serait la seule manière de ne pas faire de la « propagande pour milliardaires ». « Pourquoi

1. Frank Rich, *The Greatest Story Ever Sold. The Decline and Fall of Truth from 9/11 to Katrina*, Penguin, 2006.

devrait-on en avoir quelque chose à foutre de ces horribles milliardaires ? » renchérit Frank Rich sur WhatsApp. « Ils sont insensés, stupides, grotesques, mais aussi très intelligents ou féroces, et il faut tous ces éléments pour les décrire correctement » affirmait de son côté Jesse Armstrong dans un long entretien au *New Yorker* qui avouait une autre référence de la série, *Crime et Châtiment* de l'écrivain russe Fiodor Dostoïevski.

La série reflète l'ère pâlissante des grands empires médiatiques bousculés par « la Tech » et la nuée des réseaux sociaux apparus au début des années 2000. Logan Roy alias Rupert Murdoch a construit un empire médiatique mondial à l'époque de la transition du papier au câble, des journaux aux chaînes d'info. Et ce monde est en train de s'effondrer. Les enfants Roy ne croient plus en la télévision et voient pointer une nouvelle ère, celle des applis et des réseaux sociaux comme TikTok, dont le jeune Roman Roy va jusqu'à prédire le succès en imaginant un modèle basé sur la diffusion de courtes vidéos diffusées mondialement. « Qui regardera encore la télévision dans dix ans ? C'est la seule question intéressante » affirme l'un des fils de Logan Roy.

Il y a une sorte d'affinité entre le *zeitgeist* en crise de l'Amérique et celui de *Succession*. On ne crée plus sa propre réalité comme le disait Karl Rove, le conseiller de Bush, on fait rayonner son moi extraverti dans un monde pixelisé. Le crédit de la parole publique plonge dans les abysses des réseaux. On est passé du super-héros américain à Kim Kardashian, l'héroïne du rien. Plus rien n'est fiable, chacun joue son jeu comme dit le vieux Logan à son fils Kendall, plus de liens de solidarité. Il ne s'agit pas seulement d'une transition d'une forme de communication à une autre, mais d'un passage d'une forme de gouvernance à une autre, d'une condition politique à une autre. Et surtout d'un certain régime de vérité à celui de la post-vérité.

« Qu'est-ce que les gens ? » se demande Logan Roy la veille de son décès, dans une référence limpide au vieil Hamlet. « Ce sont des unités économiques, poursuit-il. Je suis un géant. Ces gens sont des pygmées. Mais à nous tous, on forme un marché. Le marché du couple. Le marché du travail, de l'argent, des idées, etc. Tout est un marché. »

« Je voulais que cette série puisse être universelle, commentait Jesse Armstrong, le créateur de la série, qu'elle parle autant à des gens qui s'intéressent à Silvio Berlusconi en Italie qu'à Vincent Bolloré en France. » La chaîne ATN dans la série est la réplique exacte de Fox News, mais elle est aussi le modèle de programmes télévisés qui ont essaimé partout dans le monde depuis 2016. C'est un affrontement confus qui oppose les dupes et les non-dupes, les naïfs et les cyniques, les prétendus acteurs de la bataille culturelle et les performeurs de l'audimat, ceux qui s'emploient à transformer toute discussion en une guérilla médiatique pour le contrôle des attentions. Toute règle semble abolie. Comme au catch, le jeu consiste à surjouer les rôles et les attributs. Le mode opératoire de ces *talk-shows* repose sur un affrontement simulé, obéissant à la fois à la figure de l'hyperbole et à la scénographie du combat. Du catch pour petit écran. Sur le ring s'affrontent non pas des lutteurs en chair et en os mais des caricatures, incarnant des valeurs, la franchise et la duplicité, la loyauté et la trahison, l'obéissance et la transgression, la sincérité et la dissimulation. On joue à qui perd gagne sa légitimité.

Le plateau de ces *talk-shows* n'est pas une scène ou un forum. C'est un trou noir. Le but n'est pas d'échanger des opinions ou des arguments mais de réduire tout dialogue à une tempête d'insultes et de provocations. Il ne s'agit pas de convaincre ni même de séduire en offrant des modèles d'identification mais de surfer sur le discrédit de tous les modèles d'identification. C'est la *Trash TV,* le laboratoire du discrédit.

L'un de ses avatars en France est l'émission de Cyril Hanouna *Touche pas à mon poste* sur C8, un *talk-show* quotidien très populaire. La mesure de son succès, c'est l'audimat. Le moyen de ce succès, c'est l'excès. Ce succès ne doit pas être relativisé par des considérations morales ou politiques, ni par des règles édictées par des organes de contrôle étatiques puisque le nerf de cette guerre pour l'audimat, c'est justement la transgression de toutes les valeurs.

On peut rire de tout, jeter le discrédit sur toutes les institutions sauf une, la TV intouchable (*Touche pas à mon poste*) qui s'étale partout avec ses écrans plats surdimensionnés, véritable totem de l'hypercommunication. Cyril Hanouna entouré de ses chroniqueurs joue la « Cène du discrédit », lieu de la transsubstantiation de toute information en *fake news*. Au centre de cette Cène se tient l'Animateur, arbitre déloyal, Antéchrist du discrédit, héros et bouffon, régisseur et acteur d'une performance qui n'a d'autre but que d'attirer comme un aimant la piétaille des fans (les fanzounes). Le nez sur son smartphone qui affiche minute par minute les chiffres d'audience de son émission, cet alchimiste surveille les flux d'attention. L'audimat, c'est la boussole de l'émission, son cœur battant. Il la cajole et l'électrise, la convoque et la disperse. Il en choisit les rythmes, module sa vitesse, décide de réduire ou de prolonger une séquence, voire de susciter un coup d'éclat si l'audience s'effiloche, comme on vole aux instruments en avion quand la visibilité est réduite.

Chaque soir, on assiste au grand krach des valeurs. Loyauté, Fidélité, Sincérité s'échangent contre la Fourberie, la Duplicité, la Trahison. La vérité est moquée, démasquée, dévaluée, soumise au diktat de l'audience. La *Trash TV* est jalonnée de scènes foutraques, d'humiliations gratuites, d'insultes surjouées, de performances dégradantes comme si la légitimité télévisuelle s'acquérait au prix de la honte assumée et mise en scène. Rituel de rabaissement propre aux scènes de bizutage mais qui prend à l'écran, sous la loupe de l'écran, un sens particulier, celui d'une instance de validation des conduites. Qui est légitime ? Qui consacre la légitimité ? Que valent par exemple les quelques milliers d'électeurs d'un député de base comparés aux millions de téléspectateurs quotidiens de l'émission ? Ce n'est plus de l'*infotainment*, ni même un spectacle, le spectacle de la vulgarité, de la honte assumée et mise en scène, c'est un champ de bataille, où s'affrontent deux sources de légitimité, la démocratie et les médias, le bulletin de vote et le clic.

Le trait distinctif de la *Trash TV*, ce à quoi l'on reconnaît qu'on a passé une frontière et qu'on est entré dans un pays étranger, c'est sa langue, une langue étrangère, avec sa grammaire et son vocabulaire. Cette langue c'est le *trash-talk* bien connu des sportifs et des rappeurs : provocations verbales, bouffonneries, chambrages, autoglorification, insultes. Le *trash-talk* regroupe toutes les figures de style visant à déstabiliser l'adversaire ou à galvaniser ses propres troupes en usant de métaphores et autres hyperboles provocatrices.

Pratiquée par les stars de la boxe et du basket-ball pour gagner en notoriété et promouvoir leurs combats légendaires, cette langue s'est étendue à tous les sports, puis aux jeux vidéo en ligne et plus généralement à toute activité soumise au principe de la concurrence, jusqu'à devenir un outil permanent du management des entreprises, du marketing et de la communication. C'est la Langue du discrédit.

Cette langue est un outil de communication, c'est aussi un moyen de reconnaissance, le signe d'appartenance à une tribu sportive, culturelle, médiatique. Partout le *trash-talk* ravive les passions, mobilise les partisans, tente de désarçonner l'adversaire. Les politiciens y ont recours quand il s'agit d'attaquer un opposant (quoi de plus représentatif de cette perte d'aura de la chose politique que le fameux « Ferme ta gueule » du président du Sénat Gérard Larcher à l'adresse de Jean-Luc Mélenchon ?). Plus qu'un simple langage grossier, le *trash-talk* est le principe à la base de tout divertissement populaire, de la télé-réalité aux débats télévisés… C'est l'art de créer de la rivalité à partir de rien et de porter ce rien à l'incandescence.

Les enfants de Logan Roy dans la série *Succession* parlent le *trash-talk* comme beaucoup de stars dans l'univers des médias et des réseaux sociaux. C'est un *trash-talk* particulier. Un *trash-talk* de riches. Non pas le *trash-talk* de la rue, mais le *trash-talk* des yachts, non pas celui des rappeurs mais celui des yuppies. La langue châtiée du pouvoir légitime est tombée dans la marmite bouillonnante de la scatologie et du porno. Le langage se réfugie dans les onomatopées, les gloussements, les interjections. Une négociation commerciale chez les Roy prend toujours la forme d'un viol et d'une dévoration. La métaphore reine de toute la série, c'est l'orgie. Il n'est question que d'empoignades sexuelles, de viols mémorables, d'enculages légendaires.

Après les capitaines d'industrie du capitalisme industriel au XXe siècle, *Succession* met en scène les performeurs libertariens qui abhorrent toute idée de régulation économique, politique et… linguistique. Leur goût de la transgression ne connaît pas de limites ni dans les actes ni dans les mots. D'où le caractère carnavalesque de leurs disputes qui adoptent partout la forme d'une danse burlesque de milliardaires. Elon Musk en est la figure de proue, le roi des balivernes (« *Baloney King* ») selon le magazine *The Atlantic*. Le chroniqueur Ian Bogost le qualifie lui et ses semblables de *bullionaires* (les milliardaires du *bullshit*) ! Elon Musk qui a rétabli le compte Twitter de Trump après avoir racheté l'appli, rebaptisée X comme un label porno, a proposé de renommer Twitter « Titter » (les nichons)[2]. Ces « conneries » de milliardaires (*bullionaires*) ne sont pas de simples dérapages, des séquences plus ou moins calibrées pour choquer et stimuler l'audience ; il s'agit d'un mode de dérision qui préside aux échanges dans les médias et vise à repousser la frontière de ce qui est dicible dans le débat public. L'indignation en fait partie. Elle souligne cette frontière, elle signale qu'elle a été franchie.

La série *Black Mirror* avait préfiguré cette logique dévastatrice du discrédit dans le premier épisode de sa saison 1, intitulé « Hymne national ». On y voit le Premier ministre britannique contraint de copuler avec une truie en direct à la télévision, pour sauver l'héritière de la famille royale britannique, kidnappée par un terroriste. Devant tout le pays rassemblé autour des écrans, le Premier ministre s'exécute pantalon baissé, contraint d'échanger la dignité de sa personne et de sa fonction contre la survie de la princesse.

Le terroriste, qui se définit comme un artiste performeur, conçoit cette performance visant à dégrader l'image du politique comme « la plus grande œuvre d'art du XXIe siècle ». L'animateur Cyril Hanouna s'en est inspiré, allant jusqu'à lécher en direct le cul d'un chien.

2. Ian Bogost, « Elon Musk, Baloney King », *The Atlantic*, 14 avril 2022.

ÉPILOGUE
Bréviaire du discrédit

« J'aime me considérer comme un troll vertueux. »

Milo Yiannopoulos, ex-éditeur du site *Breitbart News* et figure de l'alt-right.

Souvent imité, jamais égalé, l'essai de Roland Barthes *Mythologies* s'est imposé depuis sa parution en 1957 comme un modèle pour quiconque s'efforce d'analyser les mythes qui gouvernent la vie quotidienne dans nos sociétés dites de consommation. Les *Mythologies* n'ont pas cessé d'intéresser plusieurs générations de lecteurs alors que la plupart des objets, des situations ou des personnages qui en constituent la matière ont disparu et sont tombés dans l'oubli. Qui est fasciné aujourd'hui par le catch, le plastique et le formica, l'abbé Pierre, l'acteur d'Harcourt, Pierre Poujade, le striptease, la nouvelle DS Citroën ? Qui se souvient de la marque Astra, de Minou Drouet, de la croisière du *Batory*, de l'affaire Dominici, de l'euphorie d'Omo, du mariage de la fille du duc de Castries et du baron de Vitrolles, de Bichon Fiévet, « Bichon chez les Nègres » ?

L'aura qui se dégage des mythologies barthésiennes n'appartient donc pas aux objets eux-mêmes, à leur substance, mais au geste du mythologue qui les recueille, les décrit, les décrypte… Roland Barthes dévoile sous la surface des choses muettes des significations cachées. Son travail consiste à élire comme mythes des choses ordinaires, banales, nettoyées de la gangue de leur fonctionnalité. Il en fait des mythes pour mieux les démystifier. Son écriture agit comme un pinceau qui époussette la pellicule idéologique qui les enveloppe avant de les exposer aux regards. L'aura de nostalgie qui les entoure est semblable à la patine du temps sur les vestiges d'un monde perdu. Les *Mythologies* de Barthes nous parlent d'un univers envoûté, peuplé de fausses croyances et de fétiches qui ne demandent qu'à être interprétés.

C'était le temps heureux de la conscience critique qui s'initiait au jeu des signes et des équivalences à l'orée de la linguistique et de la sémiologie naissantes. Le temps était à la reconstruction d'une société détruite par la guerre et au démontage de ses codages idéologiques. Des immeubles sortaient de terre, des matières nouvelles devenaient malléables, une profusion d'objets et d'images envahissaient le monde, prêts à être consommés. La société dite « de consommation » se donnait à lire dans l'immense accumulation de ses objets, de ses images, de ses rites, comme un mécano de signes dont le mode d'emploi figurait dans les plaquettes, brochures et dépliants qui étaient livrés avec. Les images s'offraient au regard critique qui les faisait parler. Les *Mythologies* de Barthes, aussi démystificatrices soient-elles, étaient empreintes de l'optimisme de leur époque, celle des temps de reconstruction. Barthes nous parlait d'un monde en reconstruction sur lequel il pouvait appliquer son ironie corrosive et sa gaieté et c'est cette gaieté qui nourrit encore aujourd'hui notre nostalgie. Automobiles, arts ménagers, sport, matériaux nouveaux comme le formica et le plastique, mode vestimentaire, icônes de la presse féminine ou des actualités, tourisme, il n'est jusqu'au nappage des desserts ou au brushing des ménagères, dans lequel on pouvait reconnaître cet élan modernisateur, ce désir de style de toute une société en proie à la fièvre consumériste et au libre jeu des formes et des langages.

L'ironie de Barthes s'exerçait contre une société envoûtée, mystificatrice, qui ne produisait pas seulement une immense accumulation de marchandises comme l'écrivait Karl Marx mais une immense accumulation d'images et de mythes. Sa puissance de mystification était liée à la *croyance collective* en ces images, ces codages symboliques et ces récits.

Rien de tel aujourd'hui ! Depuis la fin des années 2000, nos mythologies contemporaines trouvent leur source non pas dans la croyance collective mais dans le discrédit qui n'a pas cessé de corroder l'imaginaire collectif. La fonction du décryptage s'en est trouvée retournée, elle est devenue l'alliée du discrédit et le dernier mythe du journalisme.

Depuis les années 2000, la télévision par câble et ses *talk-shows* ont promu un nouveau modèle de journalisme, le journalisme de décryptage. Désormais, le « décryptage » s'est imposé comme la fonction principale du journalisme. Tout apprenti journaliste doit apprendre à déchiffrer les signes, décoder les séquences, disséquer le corps des événements.

Qu'il s'agisse de commenter les décisions de l'exécutif, les différentes vagues de l'épidémie du Covid ou le brouillard de guerre en Ukraine, il s'agit toujours de faire apparaître une vérité cachée sous des apparences trompeuses, le secret d'une image ou d'un montage, la vérité d'un calcul. L'espace médiatique est parcouru de bout en bout par un métarécit qui enchaîne le codage et le décodage, le signe et son interprétation, et impose le décryptage comme le dernier mot du débat public.

« Il n'y a pas de hasard » dit le sous-texte du décryptage. Il n'y a que des signes à interpréter. On pourrait dire du décryptage ce que Roland Barthes disait du mythe : le décryptage « ne nie pas les choses, sa fonction est au contraire d'en parler, simplement il les purifie, les innocente, les fonde en nature et en identité, il leur donne une clarté qui n'est pas celle de l'explication mais celle du constat [...] : il abolit la complexité des actes humains, leur donne la simplicité des essences ». Le décryptage prétend dévoiler l'essence de la politique alors qu'il la vide de ses enjeux historiques et sociaux.

En France, le décryptage s'est imposé à la vie politique avec l'élection de Nicolas Sarkozy en 2007. Tout ce que le pays comptait d'éditorialistes, de chroniqueurs, d'analystes politiques, de sociologues et de sondeurs s'est brusquement découvert une nouvelle passion collective : décrypter les faits et gestes de Nicolas Sarkozy.

Du jour au lendemain, la sarkologie naissante s'imposa à tous comme une nouvelle discipline dont le champ d'application s'étendit de l'iconographie des familles recomposées à la physionomie du pouvoir (les fameux tics présidentiels), de la chronique de mode à la cryptologie des SMS (le nouveau média présidentiel), de la sémiologie du bling-bling à la narratologie des séquences présidentielles, jusqu'à ce que cet emballement des signes s'épanouisse dans l'alliance providentielle de la politique et de la mode, avec l'apparition au bras du président du mannequin Carla Bruni à Euro Disney.

Depuis les années 2000, le débat public s'est déplacé des lieux classiques de la délibération et de la décision politiques (partis politiques, assemblées parlementaires, conseil des ministres) vers les chaînes d'info en continu et les réseaux sociaux. Dans le même temps, la fonction journalistique s'est déportée de ses missions traditionnelles – l'analyse, l'enquête, le reportage – vers une fonction exclusive de décryptage qui s'impose désormais à tous, de l'internaute au journaliste de radio ou de presse écrite, du chroniqueur au *fact-checker*, de l'expert de plateau à l'animateur de *talk-show*.

De crise en crise et d'affaire en affaire, le décryptage des récits politiques s'est substitué aux fameux *checks and balances* démocratiques, accréditant, par là même, le soupçon et le discrédit de la parole publique. Une spirale s'est mise en place qui ne s'arrêtera plus, enchaînant le cryptage au décryptage, l'illusion à sa déception, l'image à sa déconstruction. L'analyse politique cède ses armes à une vulgate pseudo-scientifique qui emprunte à la sémiologie, à la linguistique, à la psychanalyse, à la sociologie culturelle. Fuite en avant du décryptage dans l'espace évidé du politique.

Le stade ultime de la communication n'est plus celui de la persuasion, de la propagande ou de la publicité mais celui de la simulation. Logique du décodage qui entend nous convaincre que tout est simulé. Que sous l'image, il n'y a qu'un code qu'on peut casser.

La vie politique n'est plus régie par la dissimulation mais par la simulation, non plus par le secret et le calcul cynique, mais par l'exhibition et la surexposition. Il ne s'agit plus de dissimuler la vérité mais d'exhiber le *fake*, de démasquer l'intox. Symptômes d'une démocratie malade qui est passée de l'âge de la discussion et du dissensus à celui du performatif et du spectral.

Tous les événements que la machine politique s'efforce de susciter sont désormais des événements simulés au sens où ils sont d'avance inscrits dans le déchiffrement. Ils ne cherchent pas à convaincre de leur véracité ou de leur validité, ils s'offrent au dévoilement. Ils se donnent à lire comme des images cryptées, des récits à déchiffrer, un ensemble de signes voués à leur seul effeuillage.

« Nous vivons de nouveau dans un horizon mythologique, écrivait Peter Sloterdijk dans son *Essai d'intoxication volontaire*, parce qu'une culture qui divinise le présent, comme la nôtre, se nourrit de thèmes intemporels qu'elle fait circuler par le biais de ses médias. Nos *stories* fonctionnent exactement comme des mythes, même les informations télévisées nous rapportent les mêmes thèmes sempiternels, ces accidents toujours identiques, autant de scènes primitives qui ont pris l'habit de la nouveauté. [...] On y injecte dans les cerveaux des *stories* intemporelles, histoires d'amour, de violence, de persécution, de crimes, histoires de pertes et de retrouvailles, incidents chez les riches et les célèbres, chez ceux qui peinent et ploient sous le fardeau et la bonne nouvelle là-dedans, c'est que justement rien n'arrive pour de bon[1] ! »

Les mythologies sont des phénomènes de croyance collective. Qu'en est-il du mythe lorsque l'incrédulité est générale et que le soupçon frappe tous les discours autorisés ? Existe-t-il des mythes façonnés par le discrédit ?

La question n'est pas nouvelle, elle ne cesse de hanter l'histoire des mythes.

« Le travail réservé à la mythologie comparée, écrivait déjà le philologue et orientaliste Friedrich Max Müller, est d'expliquer l'élément stupide, sauvage et absurde dans

1. Peter Sloterdijk, *Essai d'intoxication volontaire*, Hachette, 2001.

> la mythologie. Ce sont les aventures infâmes de dieux adultères, incestueux, meurtriers, cruels et cannibales : Déméter, vidant goulûment son assiette garnie de Pélops, le jour où Tantale a invité les dieux ; Cronos, ce fourbe, gobant ses nouveau-nés vagissants, l'un après l'autre ; Ouranos, le père châtré par son fils, dans un grand éclaboussement de sang et de sperme. Mais il y a aussi, non moins hideux et révoltant : Dionysos découpé et passé à la broche, Zeus prenant la forme d'un taureau, etc. Tout un vocabulaire raconte le scandaleux. Un vocabulaire victorien qui commence par le choquant et l'embarrassant, dérive vers l'extravagant et le ridicule, puis bascule de l'absurde dans l'infâme, le sauvage, le hideux, le révoltant[2]... »

Depuis les Grecs en passant par les sociétés dites primitives d'Afrique ou d'Amérique, les mythes peuplent le monde de rites et de dieux qui échappent au contrôle des humains et occupent la place des choses incomprises. Qu'ils donnent un visage et un récit à la genèse du monde et à l'histoire des éléments naturels, le soleil, le feu, l'eau, la terre ou qu'ils prennent en charge la force démiurgique du mal, les comportements absurdes des dieux ou leur cruauté, l'un dévorant ses enfants, l'autre commettant l'inceste, les mythes sont les produits d'une croyance collective, ils sont l'objet d'une liturgie et de rites populaires qui les transmettent et les rejouent sans cesse, d'une scène à l'autre.

2. Cité par Marcel Detienne, *L'Invention de la mythologie*, Gallimard, 1992.

Dans *L'Invention de la mythologie*, Marcel Detienne déplace l'objet supposé de la mythologie, de l'explication des phénomènes naturels, réguliers ou discontinus, solaires ou ténébreux, vers une troisième catégorie de phénomènes : les propos déments, les paroles sauvages, les discours absurdes. « En se donnant comme objet l'infâme, le monstrueux, le repoussant, et ce qui la fait frissonner d'horreur, la nouvelle mythologie donne le spectacle de ce double mouvement où ce qui la repousse est aussi ce qui l'attire. Signe que son discours fabrique le scandaleux, en le parlant, en l'aménageant, en lui imposant des limites. »

« Terme de l'Écriture sainte, rappelle Voltaire dans le *Dictionnaire philosophique*, le scandale désigne une grave indécence ; on l'applique principalement aux gens d'Église. » C'est le lieu de la profanation des croyances, autrement dit du discrédit. Marcel Detienne souligne cette logique inversée de la *fama* en infamie : « On montre du doigt, on s'indigne, on fait un éclat, pour écarter, pour mettre à distance de soi et des autres – de soi sous le regard des autres – cela même par quoi on est en danger d'être attiré, séduit ou piégé. »

D'où le rapport paradoxal du mythe à la renommée, et du sacré à l'infamie. C'est l'histoire que récite jour après jour le bréviaire profane de nos mythes quotidiens. Il a pour objet non pas le culte de la parole sacrée mais le discrédit de la parole profane, la liturgie de la sainte infamie[3].

3. Je dois l'expression « la sainte infamie » qui était le titre original de ce livre à mon ami, le philosophe Michel Feher.

Table

6.
Offuscation

Si vous souhaitez être tenu informé des parutions
et de l'actualité des éditions Les Liens qui Libèrent,
visitez notre site :
http://www.editionslesliensquiliberent.fr

Composition : In Folio

Achevé d'imprimer sur Roto-Page en septembre 2024
par l'Imprimerie Floch à Mayenne
Dépôt légal : octobre 2024
N° impr. : 105575
Imprimé en France